第四卷

田野新考察报告

王世襄题

建筑文化考察组　主编
《建筑创作》杂志社　承编

天津大学出版社

图书在版编目（CIP）数据

田野新考察报告.第4卷 / 建筑文化考察组主编.—天津：天津
大学出版社，2013.1

ISBN 978-7-5618-4618-6

Ⅰ.①田… Ⅱ.①建… Ⅲ.①古建筑—考察报告—中国
Ⅳ.①TU-092

中国版本图书馆CIP数据核字（2013）第027579号

策划编辑　金　磊　韩振平
责任编辑　韩振平

出版发行　天津大学出版社
出 版 人　杨欢
地　　址　天津市卫津路92号天津大学内（邮编：300072）
电　　话　发行部：022-27403647
网　　址　publish.tju.edu.cn
印　　刷　北京华联印刷有限公司
经　　销　全国各地新华书店
开　　本　180mm×260mm
印　　张　11.25
字　　数　234千
版　　次　2013年2月第1版
印　　次　2013年2月第1次
定　　价　60.00元

续先贤之足迹
立新意于当世

题「田野新考察报告」

二〇〇七年五月二十日

罗哲文

《田野新考察报告》系列丛书编委会

顾　　问：单霁翔　王世襄　杜仙洲　谢辰生　罗哲文　马旭初　马国馨
　　　　　周治良　楼庆西　杨永生　刘叙杰　张锦秋　冯骥才

封面题字：王世襄
题　　辞：罗哲文

主　　任：单霁翔
副 主 任：崔　恺　庄惟敏　孟建民　张　宇　高　志

编　　委：和红星　胡　越　赵元超　周　恺　金　磊　梅洪元　倪　阳
　　　　　汪孝安　郭卫兵　刘　谞　罗　隽　张俊杰　屈培青　刘志雄
　　　　　殷力欣　周学鹰　杨　欢　韩振平　李华东　李　沉

主　　编：金　磊　刘志雄

本卷执行主编：殷力欣　李华东

图 片 摄 影：刘锦标　殷力欣　金　磊　陈　鹤　胡天荣　周志刚
历 史 图 片：秦　风　殷力欣等
版 式 设 计：李华东　安　毅

序言

在2006年夏秋之交，北京市建筑设计研究院《建筑创作》杂志社和中国文物研究所文物保护传统技术与工艺工作室联合组成了一个旨在保护、研究建筑历史文化遗产的非官方学术组织，名叫"建筑文化考察组"。这个考察组组成至今不过8个月，却已经踏访了8省40个县市约250处古建筑遗构、遗址，在《建筑创作》杂志上开辟了《田野新考察报告》专栏，陆续发表了考察报告8篇，约15万字、数百张新旧照片资料和实测图，这些连接传统与现代建筑文献的发表，使其在业内可谓成绩斐然。

现该考察组拟将其撰写的考察报告陆续结集出版，总名为"田野新考察报告"，并已编辑完成了这套丛书的第一、二卷。出版在即，嘱我作序。我忙于公务，本无更多的闲暇，但这些报告我是每篇都读过的，因此愿以我的读后感言代序。

记得前人说过："史学即史料之学。"所谓史料，在现代史学界远不止是正史记载和档案记录，更有价值的往往是那些须通过田野考察才能得到的实证资料。这个具有现代科学理念的"田野考古方法"是西方现代史学的基础，于20世纪初被傅斯年、李济、董作宾等前辈引进到我国，立即引发了我国由历史学领域波及思想界的一次飞跃：因为有了甲骨文的破译和其他各类出土文物的佐证，我们恍然发现现代人掌握的上古三代的可靠史料比孔夫子时代更为丰富、可靠。对于建筑历史学科和文物保护事业而言，20世纪30~40年代中国营造学社朱启钤、梁思成、刘敦桢、刘致平、陈明达、莫宗江等先贤也正是在这个社会氛围中，开启了一条以田野考察方法结合文献考证、建筑学本体理论，重新发现古代中国建筑体系的道路。他们是我国建筑历史学科的奠基人，亦是我国文物保护事业的先驱。

可以说，傅斯年、李济、朱启钤、梁思成等大家的工作，对我们重新认识五千年中华文明是极为关键的，对我们以新的思想、新的思维方式再创中华民族新的辉煌篇章，也是至关重要的。

今天，建筑文化考察组以他们的热情和实干，时隔半个多世纪又一次踏上了建筑文化遗产实地考察的漫漫长途。他们的建筑与文物考察被称为"田野新考察"，他们书写的报告被命名为"田野新考察报告"。我个人是很欣赏这个"新"字的。因为：

当年中国营造学社考察的2 000多个建筑遗构、遗址，经半个多世纪的风雨变幻，时过境迁，多已面目皆非，亟待重新核查，并于重新核查中有新的补充认识；

当年中国营造学社没有涉足的地方，更亟待有人继承前辈的衣钵，以续写田野考察之路新的篇章；

每个时代自有所面对的新问题，同是田野考察，今日建筑文化考察组面临的问题与营造学社前辈也不尽相同，这要求他们在考察工作中时时更新观念。譬如：有关整体历史街区保护问题，当代城市化发展中"建设与保护二者的关系"问题等，现在要比营造学社时代更为突出……

凡此种种，都要求我们在继承前人工作中有立足传统而与时俱进的新思维、新理念。

我很欣慰地看到此考察组的朋友们具备这样的图新意识，在他们的工作中时有针对现实情况提出的新的认识、新的观点和新的建议。我希望他们以此为起点，形成他们新的传统，把这个田野新考察工作持续下去。

"文艺复兴"一词在西语中写做renaissance，本有再生之义，即西方现代思潮是立足于古希腊、古罗马文化传统所再生出来的。那么，中华文明迈向未来的一步，是否也该是以重新认识本民族文化为基础的再生、新生呢？许多有识之士尽毕生之力去求索这个问题的答案。

愿建筑文化考察组以他们今后的路途加入到这样的探索之中。

是为序。

国家文物局局长 单霁翔

2007年5月18日

图：第一个中国文化遗产日前夕，2006年3月29日在四川宜宾李庄中国营造学社旧址（之一）举办的"重走梁思成古建之路——四川行"开幕式场景

目录

编后记 ···金　磊、刘志雄

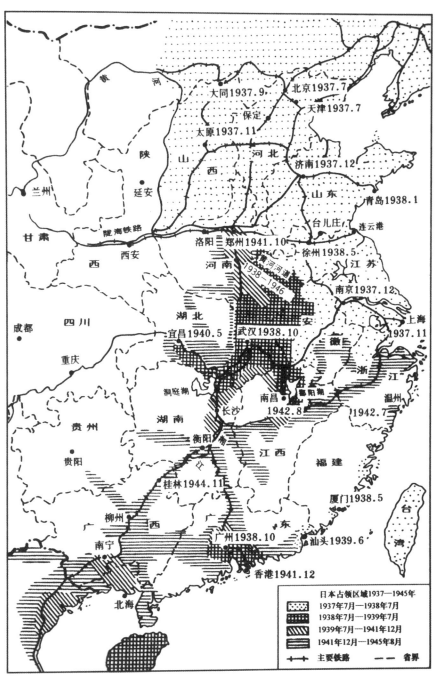

抗日战争形势略图

华北、东北等地抗战纪念建筑考察纪略

金 磊、郭振勇、于文生等

自2005年9月28日以来，有关华北、东北地区的抗日战争建筑遗址及纪念地，我们先后做过10次田野考察，涉及北京、天津、河北、山西、河南、黑龙江、吉林、辽宁等8省市。以下是考察纪略。

一、平津地区抗战史迹

平津地区[①]已知现存抗日战争史迹建筑有十余处，较著名者五处：平西卢沟桥及宛平城、平西房山云居寺及石经山、平东顺义县焦庄户村地道战遗址、中国第十一战区平津接受日军投降受降地（分别为北平故宫太和殿、天津法租界公议局）。

1．卢沟桥及宛平城[②]

卢沟桥亦作芦沟桥，坐落在今北京市区西南约15公里之永定河上，因永定河亦称卢沟河而得名，是北京现存最古老的石造联拱桥、华北最长的古代石桥。此桥始建于金大定二十九年（1189年），明正统九年（1444年）重修，清康熙年间毁于洪水，康熙三十七年（1698年）重建。桥全长266.5米，宽7.5米，最宽处可达9.3米，有桥墩10座，共11个桥孔，桥身为石体结构，关键部位均有银锭铁榫连接，以高超的建桥技术和精美的石狮雕刻独标风韵，誉满中外。其桥两侧石雕护栏各有140条望柱，柱头上均雕有石狮，形态各异，多为明清之物，也有少量金元遗存，据记载原有627个，现存485个。作为一方名胜，"卢沟晓月"在金章宗年间即被列为"燕京八景"之一。13世纪，意大利人马可波罗在他的游记里赞其为"世界独一无二的"，尤其欣赏桥栏柱上刻的狮子，说它们"共同构成美丽的奇观"，卢沟桥由此闻名世界。

有关此桥在建筑史上的地位和成就，正可谓"前人之述备矣"，这里，仅强调三点：其一，所谓历经金元明清四朝修葺，实际上修葺部分多在桥面伏石和栏版、望柱雕饰的构件更替方面，而桥的基础、主体结构和仰天石外侧桥面雕饰等，基本上是金代原物；其二，据近人实测研究，在260余米的距离内，10个桥墩沉陷差仅12厘米上下[③]。在永定河河床如此松软的历史条件下，历经八百余年的岁月残蚀，卢沟桥仍可如此近乎完整地展现当年风貌，此不独为古代工匠之伟绩，亦可见后人对其钟爱至深。

宛平城原称"拱极城"，距卢沟桥东一箭之地，是我国华北地区唯一保存完整的两开门卫城，建于明末崇祯十年（1637年）。《日下旧闻考》曾记载："卢沟畿辅咽喉，宜设兵防守，又需筑城以卫兵"，"局制虽小，而崇墉百雉，俨若雄关。"

① 抗战前后，今之北京市被改称为"北平院辖市"
② 此小节由殷力欣撰写
③ 唐寰澄.中国古代桥梁.北京：文物出版社，1957

图1
卢沟桥旧影

全城分东西两座城门，东为"顺治门"，西为"永昌门"（清代改为"威严门"），全城东西长640米，南北宽320米，城池总面积约20公顷。辛亥革命后，原拱极城划归河北省，1928年12月县署正式迁到卢沟桥，始称宛平城。宛平城是一座桥头堡，城垣建筑与北京类似，城墙四周外侧有垛口、望孔，下有射眼，每垛口都有盖板。1937年7月7日，卢沟桥事变爆发，宛平城成为七七事变的历史见证，至今城墙外皮上当年日军炮击宛平城的累累弹痕犹历历在目，记录着那段惨痛、悲壮的历史故事。

自1936年起，侵华日军挟鲸吞我东三省之余势，从东、西、北三面包围北平，其狼子野心昭然若揭。1937年6月起，驻丰台的日军连续举行挑衅性的军事演习。1937年7月7日夜10时，日军在距北平10余公里的卢沟桥附近再次进行挑衅性军事演习，诡称有一名士兵失踪，要求进入桥边的宛平县城搜查，遭到拒绝后，悍然向宛平县城和卢沟桥开枪开炮。7月8日早晨，日军包围了宛平县城，并向卢沟桥的中国驻军发起进攻。中国驻军第二十九军司令部当即发布命令："命令前线官兵坚决抵抗，卢沟桥即尔等之坟墓，应与桥共存亡，不得后退。"全军将士奋起还击，与来犯者殊死搏斗。有驻守卢沟桥某连队百余名官兵在战斗中牺牲殆尽，仅4人幸存。9日凌晨，我第二十九军收复永定河东岸失地。之后的三日，毫无信誉的日本华北驻屯军一方面与冀察当局虚与委蛇地进行谈判，一方面加紧增兵，到7月25日，已陆续集结平津日军达6万人以上，又在7月25日、26日制造了廊坊事件和广安门事件。26日下午，华北驻屯军向第二十九军发出最后通牒，

6

图2.中国军队在卢沟桥奋起抵御日军进犯

图3.卢沟桥及宛平城（殷力欣摄）

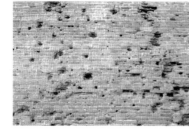

图4.宛平城城墙上的弹痕（殷力欣摄）

要求中国守军于28日前全部撤出平津地区，被爱国将领宋哲元断然拒绝，并于27日向全国发表自卫守土通电，坚决守土抗战。同日，日军参谋部经日本天皇批准，命令日本华北驻屯军向第二十九军发动攻击，增调国内5个师约20万人到中国，并向华北驻屯军下达正式作战任务："负责讨伐平津地区的中国军队。"7月28日上午，日军按预定总攻计划，在百余门大炮和装甲车配合、数十架飞机掩护下，向驻守在北平西郊的中国第二十九军第一三二、三十七、三十八师发起全面攻击。第二十九军将士在各自驻地抵抗，第二十九军副军长佟麟阁中将、第一三二师师长赵登禹少将英勇殉国。29日，北平沦陷。30日，天津失守。至此，华北彻底沦陷敌手。但是，1937年7月7日，这个因军事失利导致故都沦陷的沉痛日子，也由此成为唤醒四万万同胞全民抗战的起点。七七事变第二天，中共中央通电全国，号召中国军民团结起来，共同抵抗日本侵略者。全国各族各界人民热烈响应，抗日救亡运动空前高涨。

今卢沟桥及宛平城县城已成为全国最重要的抗战纪念地之一。卢沟桥作为历史见证的意义自不待言，宛平城城内已在北侧建有"中国人民抗日战争纪念馆"，于1987年7月6日对公众开放。该纪念馆展览面积5 000平方米，是一座具有民族特色的建筑。进入序厅，迎面是一座长18米、高5米的大型铸铜浮雕"把我们的血肉铸成我们新的长城"，左右两侧墙壁上，分别镶着《义勇军进行曲》和《八路军进行曲》的曲谱，顶部由15个方形藻井组成，悬挂着8口方形古钟，象征着八年抗战，蕴意着中国人民抵御侵略的警钟长鸣。展览分为"综合厅"、"日军暴行厅"、"人民战争厅"和"抗日英烈厅"四部分，展出自1931年九一八事变到1945年抗战胜利这14年间的珍贵历史文物和照片5 000余件（张）。北城墙外则辟为"抗日战争烈士陵园"。南城墙外皮至今犹存累累弹痕，已作为日军暴行的铁证昭示天下，城下建有"抗日战争雕塑园"。

2. 焦庄户村地道战遗址④

此遗址位于今北京市顺义区东北部燕山余脉歪坨山下，距北京市区60公里，1964年秋始建"焦庄户民兵斗争史陈列室"。焦庄户村是通往平西、平北根

④此小节由金磊撰写

图5.焦庄户村地
道战遗址 (1)
(刘锦标摄)

图6.焦庄户村地
道战遗址 (2)
(刘锦标摄)
图7.焦庄户村地
道战遗址 (3)
(刘锦标摄)

据地的必经之路,抗战期间属于冀东抗日根据地。七七事变后,侵华日军在华北占领区建立伪政权,焦庄户村一带饱受荼毒,1938年秋,中共党组织在焦庄户村带领全村农民同日寇展开了艰苦卓绝的武装斗争。在战争中,焦庄户人民不断总结便于打击敌人、保护自己的斗争经验,于1943年春开始挖地洞并在实战中不断地改造、扩展,到1945年形成了村村相连、户户相通全长达23华里的地下长城。此后的战争中,焦庄户利用地道有效地保护了自己、打击了敌人。焦庄户村地道战遗址与河北清苑县冉庄地道战遗址、山西省定襄县西河头村地道战遗址,并称为全国三大地道战遗址,是抗日战争中敌后抗战的典范之一。

3. 房山云居寺与石经山⑤

房山云居寺与石经山坐落在今北京市房山区(时属河北省房山县)之白带山麓。其寺之创建,远在隋文帝时代,素以规模宏大、藏经珍稀知名。抗战之前,此处仍保持清初规划格局,寺内唐辽时代之北舍利塔、南藏经塔保存完好,是难得的早期砖塔的典范;而寺西石经山雷音洞等9个藏经洞又以所藏隋僧静琬以降 ⑤此小节由殷力欣撰写

图8.房山云居寺旧影 (1)

图9.房山云居寺旧影 (2)

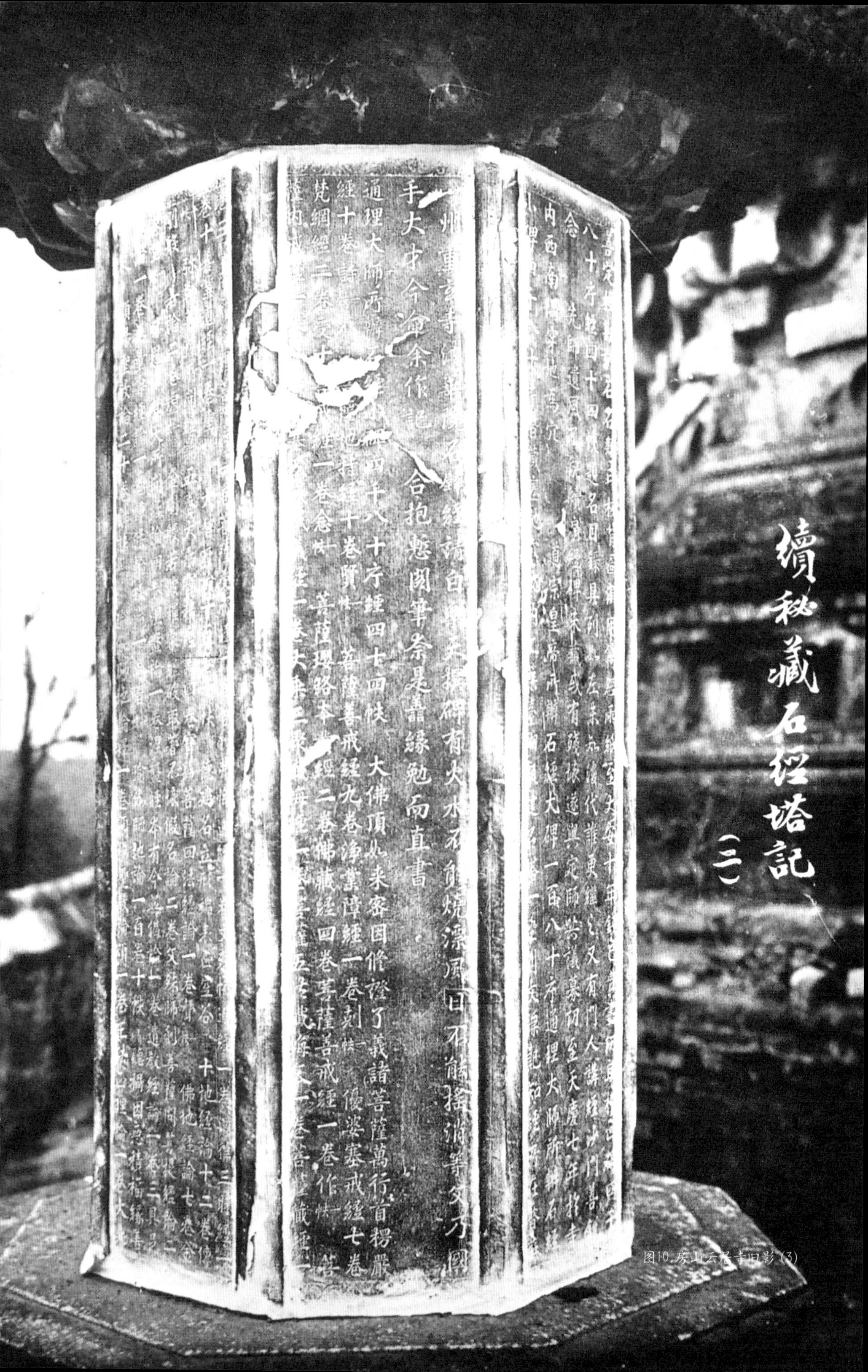

續秘藏石經塔記（二）

图10 房山云居寺旧影（3）

图11.门头沟马栏
村冀热察挺
进军司令部旧
址(1)

图12.门头沟马栏
村冀热察挺
进军司令部旧
址(2)

图13.门头沟马栏
村冀热察挺
进军司令部旧
址(3)

⑥此小节由金磊撰写

石刻佛经版卷帙浩繁震惊学界。云居寺与石经山,因此被视为佛教之圣地、中华文化之宝库。

1938年秋,日军派重型轰炸机对云居寺蓄意轰炸,将此包括辽代南藏经塔在内的千年古寺夷为平地,仅辽代北舍利塔及周围之四座小型唐代石浮屠侥幸躲过此劫难。其所毁之南塔,虽属砖塔,但为仿木结构之精品,是研究中国建筑历史的重要实例。

此次轰炸事件,是侵华日军在华北地区最令人发指的文化暴行之一。

4. 北京门头沟马栏村冀热察挺进军司令部旧址陈列馆⑥

该陈列馆位于北京市门头沟区斋堂镇马栏村。1997年马栏村村民集资在原有的旧址上建了冀热察挺进军司令部旧址陈列馆,为重要的八路军抗战史迹。

图11.门头沟马栏村冀热察挺进军司令部旧址(1)（刘锦标摄）

5. 平津地区接受日军投降场所①

其一，北平紫禁城太和殿。作为举世闻名的世界级建筑文化遗产，其建筑之精美，也如卢沟桥一般无须笔者赘言。这里要补充一段史实：在故都北平沦陷期间，紫禁城无时无刻不在日军的觊觎之下，仅碍于国际舆论，尚不敢公然劫掠。为此，因年迈多病滞留北京的中国营造学社社长朱启钤先生设法组织同样因故滞留平津沦陷区的著名建筑师张镈先生与邵力工、冯建逵等，在极端困难的情况下对故宫建筑群做了精心测量，留下了迄今最为完整、精确的紫禁城中轴线主要建筑测绘图稿。为保存这一世界文明史上最珍贵的文化遗产，张镈先生甚至不惜牺牲名节，化名张叔农主持其事，忍辱负重如此，由此也可知紫禁城在国人心目中占据着何等重要的位置。

尤其要指出的是：抗战期间，华北地区不仅仅人民生命财产横遭日军涂炭，大量文化遗产亦饱受摧残，如河北易县开元寺（辽代木构建筑精品）、安平县圣姑庙、阜平县普佑寺（明清）等，均彻底毁于日军炮火，所幸存者，亦随时面临危险，无时无刻不在牵动着国人之心；而故都北平之明清两代皇宫紫禁城，则因其政治地位之至高无上和文化宝库之举世无双，一向被视为文化圣地，是维系民族尊严之所在，其沦陷敌手，无疑是这场民族文化劫难的痛中之痛。

其二，天津法租界公议局大楼及广场。其位于今天津市承德道12号，采用法国建筑师穆勒原设计方案，由门德尔森正式设计，于1929年—1931年建造。此建筑为二层混合结构带半地下室，局部三层，正立面形式为罗马古典复兴式，中央主楼部分首层为三个拱门组成的门面，二层以爱奥尼亚柱式构成阳台，造型稳重壮观；室内一层大厅为大理石铺地，有宽大花石阶梯通往二层的大厅；大楼对面，在法国梧桐构成的林荫道北侧，于高楼林立的街区间开辟了一个绿草如茵的街心广场。1949年后，此建筑相继为天津市图书馆、天津艺术博物馆和天津市文物局，广场上立有鲁迅纪念像等三组雕塑。其建筑整体与周边环境规划，至今基本保存完好，展示着华北地区在近现代汲取西洋建筑精华的另一地域性风貌，具有较高的历史、科学和艺术价值。天津不仅仅是北京的门户，更在近代成为中国仅次于上海的第二大工商重镇。抗战期间，天津自近代开埠以来所积累的巨额财富被日军野蛮掠夺，而原租界地所建的大量坚固、美观的西式建筑，亦被日方盘踞。

日本政府于1945年8月15日宣布无条件投降后，盟军方面与日军几经磋商，在中国战区以湖南芷江为洽降地，以南京中央军校大礼堂为总受降地，下设16个地区受降地。华北地区（北京、天津、保定、石家庄等市县）属中国第十一战区，由战区司令长官孙连仲出任受降官。

由此，1945年10月6日，历经八周年零两个月二十九天的磨难和等待，孙连仲上 ⑦此小节由殷力欣撰写

12

图14.沦陷区的北平
天安门

图15.抗战前的故
宫太和殿,后
十一战区在此
接受日军受降

图16.天津公议局
内景(殷力欣
摄)

图17.天津公议局前
广场(殷力欣
摄)

将之代表吕文贞少将在天津法租界公议局广场接受驻津日军投降; 1945年10月10日,即中华民国34周年国庆日,历经八周年零三个月三天日的磨难和等待,孙连仲上将在紫禁城太和殿主持接受全部华北日军投降,日军不得不在发动全面侵华战争之地向坚韧不拔笑到最后的中国人民承认他们的彻底失败。

65周年过去了,我们仍然以欣喜如狂的心情遥想当年那激动人心的时刻:我们在象征古老民族顺应世界发展潮流的西式建筑天津公议局大楼和身系民族尊严的紫禁城太和殿接受日本侵略者的投降,这是一个全民族扬眉吐气的伟大场景!

这里,笔者还应补充介绍一下京西周口店北京人、山顶洞人遗址。周口店遗址是我国最主要的古人类文化遗址,位于今北京市房山区(时属河北省房山县)周口店村西之龙骨山,距市区48公里,通常指龙骨山上8个古人类文化遗址和哺乳动物化石地点。从1918年至1937年卢沟桥事变前,这里相继发现了举世瞩目的"中国猿人北京种"(即通称的"北京人")和"山顶洞人"的遗址、遗物。

1918年，瑞典科学家安特生于此（今称第6地点）率先发现古生物遗迹；1921年，安特生、美国古生物学家格兰阶和奥地利古生物学家斯丹斯基合作发现周口店第1地点，同年发现周口店第2地点；1927年，步达生依据在周口店发现的3枚古人类牙齿化石，正式命名曾在此地活动的古人类为中国猿人北京种，这一年周口店遗址正式开始发掘，有中国地质学家李捷先生参加发掘工作，并发现了周口店第3和第4地点；1929年，我国杰出的古生物与古人类学家、中国地质调查所新生代研究室裴文中先生发现了周口店第5、7、8地点，突破性地找到了第一个"北京人"头盖骨；1930年至1934年，由裴文中先生主持，在北京人遗址顶部的一个山洞内发掘、发现了一处旧石器时代晚期属智人的遗址，命名为"山顶洞人"。

日后对这批珍贵的文化沉积物的研究表明："中国猿人北京种（北京人）"生活在距今70万年至20万年之间，平均脑容量达1 088毫升(现代人脑容量约为1 400毫升)，身高为男156厘米左右，女150厘米左右，属旧石器时代，以锤击法、砸击法和砧击法加工石器，并能捕猎大型动物，是最早使用火的古人类。而"山顶洞人"的发现也是极具意义的：山顶洞人可确定是与爱斯基摩人、美洲印第安人和中国人有密切联系的原始蒙古人种的代表，他们能够人工取火，并已掌握了钻孔技术、磨制技术，懂得使用赤铁矿粉末染色方法……而骨针、装饰品和墓葬的出现，意味着当时已掌握缝纫技术，表明进化历程延续至山顶洞人阶段，人类已经具备了审美观念和原始宗教信仰。

裴文中教授之"发现北京人头盖骨及其相关研究成果"，是世界文明发展史研究中的重大发现，在日后被评为20世纪中国十大科技成果之首。

然而，正值世界瞩目、深信更多的足以改写人类历史的新发现、新成果指日可待之际，随着七七事变后的周口店

图18.周口店北京人遗址现状（殷力欣摄）

被日军占领，一些发掘人员竟被冒天下之大不韪的日寇野蛮杀害，裴文中先生则被日军逮捕、审讯和监禁。日军企图将北京人头盖骨化石据为己有，但裴先生断然拒绝，保持着高尚的民族气节。就这样，这项有国际影响的发掘工作被迫终止，已发掘出土的6个较完整的头盖骨标本竟在战乱中遗失，至今下落不明。

日军悍然发动七七事变与野蛮杀害北京人遗址发掘人员，似乎是很巧合地发生在京西两处相邻地区，但却充满了象征意味：1928年至1937年间，随着北伐战争结束北洋政府专制统治，共和政体逐渐确立，中国在政治经济文化等各方面均处于上升趋势。一如中国地质调查所在古人类研究方面取得一系列科学考察、研究进展，北京大学、清华大学、协和医学院、中央研究院史语所、中国营造学社等大专院校、科研机构也都取得了一系列举世瞩目的学术进展。由此，古老的中国政治经济文化全面起步腾飞的态势日趋明朗。种种迹象表明：日本法西斯势力于此时发动全面侵华战争，其根本目的在于为一己之利而不惜将邻国的正常发展扼杀在萌芽状态。与这个亡国灭种的险恶图谋针锋相对，不仅仅有我二十九军将士在军事对垒中以血肉之躯作拼死抗争，北京大学、清华大学、南开大学、中央研究院史语所、中国营造学社等也开始了南迁内地的漫漫征程，肩负起文化抗战、科教抗战的重任，形成法西斯们所不愿意看到的另一战事——文化对垒。

我们向英勇抗战的第二十九军将士致敬，我们向裴文中、胡适、傅斯年、梁思成等一大批坚守民族气节、坚持文化抗战的优秀知识分子致敬！

⑧此章由金磊撰写

图19.平型关大捷
纪念馆广场
和将帅纪念像
（殷力欣摄）

二、山西省抗战史迹⑧

山西省涉及第二战区领导的部分正面战场和八路军总部领导的敌后根据地，同时是开展敌后游击战最成功的省份之一，故抗战史迹颇多，其历史意义十分重大。但因此地历史、地理环境和日军所采取的"三光政策"等，能够完整保存至今的建筑遗存却不多见。今仅能结合实地考察和文献查证，做挂一漏万的举要。

1.平型关大捷遗址纪念馆

平型关战役遗址位于山西省灵丘县城西南30公里处，是1961年国务院公布的首批全国重点文物保护单位。1937年9月11日，第二战区针对日军的大兵压境，组织20万正规军迎敌，史称"太原会战"。为

配合会战，挺进华北的八路军一一五师在灵丘县平型关东侧的峡谷地带设伏，一举歼灭日军精锐第五师团1 000余人，缴获大量武器弹药和辎重，取得七七卢沟桥事变以来的首战大捷，打破了日军"不可战胜"的神话，极大鼓舞了全国军民坚持抗战的信心。今

图20.平型关战役烈士纪念塔（殷力欣摄）

此沟谷入口处建有一段10余米高的长城状纪念碑，象征着平型关战役抵制外来侵略的政治意义。

平型关大捷纪念馆位于战役遗址附近之白崖台乡石灰岭上，始建于20世纪70年代，改扩建于1997年平型关大捷60周年前夕。改扩建后的平型关大捷纪念馆的主展厅内陈列部分珍贵图片、文献资料和文物；半景画馆运用现代科技和艺术手段再现了平型关大捷的战斗场面。

纪念馆前有宽阔的平台、石阶甬道、铜像，山下设有新建的将帅广场、平型关大捷纪念碑和平型关大捷将帅铜雕。纪念碑碑阳刻有杨成武将军题写的"平型关大捷纪念碑"，碑阴的碑文记述了平型关大捷的战斗过程及重大意义。碑基高1.15米，意喻参战部队八路军一一五师，碑座、碑体高分别为1.937米和9.25米，表示平型关大捷发生的时间为1937年9月25日。

图21.大同煤矿"万人坑"遗址（殷力欣摄）

另外，灵丘县城设有平型关战役烈士陵园。园内有烈士纪念塔、纪念堂和公墓群等。

2.大同煤矿"万人坑"遗址及纪念馆

大同煤矿"万人坑"遗址及纪念馆位于大同煤峪口南沟山麓，是现存日军残害中国平民的"万人坑"中比较完整的一个，因其拥有两个容纳日寇侵华期间被害矿工尸骸的抛

图22.大同煤矿"万人坑"遗址纪念馆（殷力欣摄）

尸山洞而得名。今此二"抛尸洞"已就地做防水和遗物保存的化学处理,洞口封玻璃门,向世人昭示侵华日军及日本财阀集团的反人类罪行。

史料证实,1937年9月13日至1945年8月15日,原日本大同株式会社、日本华北开发有限公司、日本电业株式会社等机构与侵华日军相互勾结,疯狂掠夺大同煤炭达1 418万吨,杀害大同矿工六万多名。

"万人坑"遗址及纪念馆于2006年8月完成扩建并开放。改建后的纪念馆以"展现苦难历史、振奋民族精神"为主题。进入纪念馆大门,是一段缓坡,铸有1937年到1945年字样的8块铸字铁板深深嵌入周围地砖中,代表着大同煤矿和矿工历时8年的深重苦难。纪念馆大门正面是一座主题浮雕。雕塑上半部分是蓝天白云下的绵延山脉和"14 000 000"吨煤炭的数字,下半部分是山沟里的累累白骨和"60 000"死难矿工的数字,高度概括了日本侵略者"以人换煤"的罪恶行径。

3.忻口战役遗址

忻口战役之战场旧址在今忻州市以北约15公里的谷口地带,主要遗存分布在忻口隘口西山坡、毗邻公路为屯兵、储存弹药物资之窑洞,有40余座。其洞口大多砌有石料券门,多移作当地人圈养牛羊、堆放杂物之用,仅在谷口处立有一块水泥标牌。诸洞中有卫立煌与彭德怀等会商作战部署的前线总指挥部、郝梦龄等壮烈殉国的204高地等重要遗址,但今无法确认具体位置所在。至今每逢大雨洪水冲刷,常常在某山坡土层下面露出散落的白骨,后系当年英勇殉国的我军将士遗骸。

图23.忻口战役遗址(殷力欣摄)

图24.八路军总部所在地南茹村鸟瞰(殷力欣摄)

据传,曾有一位在忻口关子村插过队的北京知识青年,叫赵保林,于20世纪末出资10余万元,在忻口隘口西山坡上建了一座"忻口战役纪念墙",在墙体一侧镌刻着国共两军部分将领和阵亡烈士的名字。遗憾的是,纪念墙尚未竣工,即因资金不足而辍工。

忻口战役是太原会战的关键战役。

整个太原会战持续近两个月，中方投入兵力28万，伤亡10万余人，毙伤日军近3万人。其中，郝梦龄、刘家骐、郑廷珍、姜玉贞等4位将军英勇殉国。

图25.南茹村八路军总部纪念碑（殷力欣摄）

4.五台县南茹村八路军总部旧址及纪念碑

位于五台县南茹村村北，北邻山地，南望沃野。1937年七七事变后，八路军东渡黄河北上抗日，于当年9月23日至10月28日驻扎此地。南茹村是八路军总部抗战出征的第一个驻扎地，而且是八路军由"北上"改为"南移"的折返地，更是八路军战略部署重大调整的完成地。旧址原为当地一位乡绅的住宅，建于民国初期，总占地面积2 400平方米，四合院式平面布局，有房屋80余间，正门为垂花门形式，入门后，则石阶道沿地势拾级而上，引向主院落。房间为青砖灰瓦，门窗砖券处有简单雕饰，建筑风格朴质大方。八路军总部政治部、后勤部均设在这里，朱德、彭德怀、任弼时等曾在此居住。

宅院之北一箭之地，今有南茹村八路军抗战纪念碑依山而建。碑高19.37米，含义为1937年。碑身造型为抽象的三只步枪相互支撑，刺刀尖合聚一点，直刺蓝天。

5.阳泉百团大战纪念碑及狮脑山抗战遗址

阳泉百团大战纪念碑在阳泉狮脑山主峰山巅，附近有当年的观察哨等抗战遗迹。今此地辟为狮脑山森林公园，距阳泉市中心10公里，占地面积1 984亩，海拔1 160米，曾是闻名中外的百团大战主战场之一。

整个公园由山顶平台、北风垴、刀刃梁、将军垴四部分组成。纪念碑立于平台中央，坐北朝南，从低到高由花岗岩质主碑、三座副碑、一座大型园雕、两座题

图26.百团大战纪念碑（殷力欣摄）

图27.阳泉狮脑山抗战遗址（殷力欣摄）

字碑、烽火台、"长城"组成，整个建筑群占地25亩。主碑与三座副碑以及两座题字碑组成了一个巨大的箭头，直指石太铁路，寓意当年百团大战以破袭正太（石太）铁路拉开序幕。主碑高40米，形如一把锋利的刺刀，寓意百团大战发生于1940年，象征着中华民族不畏强暴、威武不屈、抗击外敌的革命精神。三座副碑，形如军旗，象征着参战八路军一二九师、一二〇师和晋察冀军区三支大军。三座副碑之间相距105米，寓意着参加战役的105个团。3座副碑上镶着6块巨大的锻铜浮雕，生动地反映了百团大战中军民"出击"、"破路"、"攻坚"、"支前"、"转移"、"胜利"的情景。由三角形平台往下，从第一座题字碑到主碑之间形成了三个阶段，寓意着百团大战经历的三个阶段。再往下沿东西两侧设有4个烽火台，由227米蜿蜒起伏的"长城"连接，寓意着中华民族是坚不可摧的钢铁长城。

主碑的三个面上，分别镌刻着徐向前、彭真、薄一波的题词。徐向前的题词是"参加百团大战的烈士们永垂不朽"；彭真的题词是"战绩辉煌，永垂史册"；薄一波的题词是"百团大战，抗日战争中最光辉的一页，必将载诸史册，永放光芒"。

1940年8月20日起，八路军在华北敌后出动105个团，约40万兵力，在2 500公里长的战线上，发动了规模最大的"以彻底破坏正太路若干要隘，消灭部分敌人……截断该线交通"为目的的举世闻名的"百团大战"。据有关资料记载,历时3个半月的"百团大战"中,我军共进行大小战斗1 824次,毙伤日伪军25 800余人,俘日伪军18 600余人,缴获了大批武器、弹药和军用食品等;破坏铁路470多公里,公路1 500多公里,桥梁、车站、隧道等260余处,使正太铁路停运月余;攻克日伪据点2 993个,巩固和扩大了抗日军民占领区。"百团大战"的胜利,沉重地打击了敌人,粉碎了日军的"囚笼政策";拖住了敌军进攻西北、西南的后腿,配合了正面战场上的友军作战,极大地振奋了全国军民的斗志,坚定了全国军民抗战到底、抗战

图28.娘子关(1)
(殷力欣摄)

图29.娘子关(2)
(殷力欣摄)

必胜的信心,是中国共产党领导的敌后战场上光辉的篇章。

6.娘子关抗战遗址

娘子关是长城的著名关隘,有万里长城第九关之称,为历代兵家必争之地。位于太行山脉西侧河北省井陉县西口,山西省平定县东北的绵山山麓。娘子关原名"苇泽关",因唐平阳公主曾率兵驻守于此,而平阳公主的部队当时人称"娘子军",故得今名。现存关城为明嘉靖二十年(1542年)所建。古城堡依山傍水,居高临下,建有关门两座。东门为一般砖券城门,额题"直隶娘子关",上有平台城堡,似为检阅兵士和瞭望敌情之用。南门高楼耸立,气宇轩昂,坚厚固实,青石筑砌。城门上"宿将楼"巍然屹立,相传为平阳公主聚将御敌之所。门洞上额书"京畿藩屏"四字,展示了娘子关的重要性。关城东南侧长城依绵山蜿蜒,巍峨挺拔。城西有桃河水环绕,终年不息。险山、河谷、长城为晋冀间筑起一道天然屏障。

1937年10月,日军急于从平型关侵入山西占领太原,受到八路军阻击而失败。后来日军便沿正太铁路线西犯,把娘子关作为一时的争夺目标。当时中国军

图30.麻田八路军
总部（刘锦标
摄）

图31.黄崖洞八路
军兵工厂旧
址（殷力欣
摄）

队以包括八路军一部在内的数万兵力在娘子关设防，阻敌西进，但是最终不敌日军，娘子关迅速被日军占领。不久日军从北、东两路进入山西，太原失陷。

1940年8月，八路军进行的百团大战中，娘子关也曾成为战场。当时，晋察冀军区派10个团兵力击破日军占领的正太线，破坏重点为娘子关至平定路段。8月20日夜，八路军主力一度攻入娘子关。

今娘子关南门墙体犹存累累弹痕，见证着太原会战、百团大战两次著名战事，记录下各党派团结一致、共赴国难的历史。

7.左权县麻田八路军总部旧址及黄崖洞八路军兵工厂旧址

麻田镇八路军前方总部旧址

麻田镇地处晋、冀、豫三省要隘，东出邯郸，西达太原，北上阳泉，南下长治，易守难攻，有"晋疆锁钥，山西屏障"之称。

1937年11月，一二九师师长刘伯承、副师长徐向前率领八路军进驻辽县(今左权县)西河头村，麻田镇由此成为根据地的前沿。1940年11月7日，八路军前方总部、野战政治部、后勤部、卫生部、军工部、中共中央北方局、北方局党校、新华社华北分社、鲁迅艺术学校以及一二九师司令部等机关，移住麻田镇周围，使这里成为前方抗战的活动中心，被誉为太行山的"小延安"。

麻田镇南端现有八路军前方总部旧址、总部机关旧址、邓小平旧居、左权旧居和杨尚昆旧居。在前方总部旧址纪念馆内，有彭德怀、左权将军纪念陈列室，陈列着有关图片、实物、专题资料千余件。革命老前辈朱德、彭德怀、左权、滕代远、罗瑞卿、刘少奇、陆定一、杨尚昆、刘伯承、邓小平、徐向前、杨秀峰、薄一波等都在这里领导人民进行过抗日斗争。

黄崖洞八路军兵工厂旧址

八路军总部于1939年5月成立了军工部，决定将韩庄修械所搬迁到地形非常隐蔽的黄崖洞，扩大规模，正式建设八路军的兵工厂。 黄涯洞兵工厂的位置非常隐蔽，从两山之间的缝隙走进，进入眼帘的就是削壁千丈的悬崖，系由八路军副总参谋长左权将军亲自踏查，最终将兵工厂厂址选择在此。当年八路军装备的55式步枪、81式步枪、79式步枪、50炮、马尾弹、手榴弹、迫击炮等，均由此地生产或修理。

山西省尚有洪洞县八路军韩略村伏击战阵亡将士公墓、乡宁县华灵庙抗日纪念地等重要遗址。

8.天龙山石窟

天龙山位于太原市西南36公里的群山中，四周松柏成荫，景色壮丽，是集山、林、泉、洞等为一体的历史文化著名景点。这里的人文景观始于南北朝，早在东魏时，大丞相高欢便在天龙山修避暑宫，开凿石窟，拉开了天龙山佛教史的序幕。石窟寺分布于东西峰间的悬崖峭壁之上，共计有25窟，500余尊，初凿于东魏，历经北齐，在隋唐达到顶盛。其用圆雕法雕出的佛像，以三度空间的方式来表现，既有印度佛像高雅、柔和的特色，也有中国传统雕刻所具有的清新韵律及线条，世称"天龙山样式"。但这些珍贵精美的石窟造像自20世纪初便遭到日本帝国主义严重的文化掠夺，大部分精品被盗运海外，散失到日本及欧美等国家。

图32. 被日军劫掠的天龙山石窟旧影 (1)

图33. 被日军劫掠的天龙山石窟旧影 (2)

20世纪20年代，日本学者据中国地方志的记载，在天龙山找到石窟，虽这一被历史尘封的文物瑰宝重见天日，但精美的雕塑艺术却引来了日本不法奸商的觊觎，他们以考察石窟为名，暗与当地歹徒勾结，自1923年起便肆无忌惮地盗凿窟内石雕，使这座保存了1000多年的石窟群，残肢断臂，千疮百孔，在今日再难看到完整的雕像。每每看到或想起天龙山佛像展览于国外博物馆中，每个国人都有强烈的耻辱感。据查，天龙山唐代洞窟开凿于公元700年左右，除第9窟漫山阁的摩崖大佛龛外，一般规模都较小，但雕刻都十分精致，所以唐窟里的佛头无一幸免地被盗割一空，有的甚至连整个佛像身体都被盗走。第9窟上层倚坐弥勒佛，下层为十一面观音、文殊、普贤，除普贤头现存天龙山文管所外，其余均已被日本奸商盗走。弥勒佛高7.55米，它之所以保存完整，大概是因为形体大、不易割盗。佛祖头顶采用右旋状螺髻，面容慈祥，额间有明毫，其眼睛已被日本奸商挖去。在天龙山统计的21处石窟造像去向表中，至少已有40件造像现存日本各博物馆及私人处。

天龙山石窟盗割且转卖事件，是日本企图在文化上占领中国的又一铁证，它是文化侵略和掠夺千百件事件中的"个案"，但它极为清晰地表明了日本帝国主义的野心与罪恶。

9.武乡八路军太行博物馆

山西武乡县位于太行山区的凤凰山麓，这里不仅有位于县城的八路军纪念馆，它还是八路军华北抗战的指挥中心，抗战旧址星罗棋布，以八路军抗战文化为内涵的经典红色旅游驰名中外。有特色的八路军纪念景点就有百余处之多，由于八路军总部和中共中央北方局等重要的首脑机关在此长期驻扎，朱德、彭德怀、左权、杨尚昆、刘伯承、邓小平等老一辈革命家在这里运筹帷幄，武乡被誉为"八路军的故乡，子弟兵的摇篮"，更由于如今武乡县上下处处是"八路军文化"的宣传与纪念地，因此不少到过武乡的人们都赞美它是没有围墙的八路军博物馆。

图34.八路军太行纪念馆正面（刘锦标摄）

于1988年9月建成开馆并于2005年8月15日完成扩建改造工程的八路军太行纪念馆是我国目前唯一全面再现八路军八年抗战辉煌历史的大型革命纪念馆。其规模由原来占地7.4万平方米扩展到14.8万平方米，展览面积从3 616平方米扩展到1.3万平方米，宣传内容从原来只宣传八路军总部和八路军一二九师太行抗战史实扩展到全面展示在中国共产党领导下的八路军和华北根据地人民八年抗战历史。八路军太行纪念馆之陈列馆建筑依托凤凰展翅的雄姿，整个建筑风格古朴典雅、雄伟壮观，远观近看都有本土化设计元素，其栩栩如生的重点景观再现了抗战期间的重要事件。如：场景复原了八路军平型关战役；1939年11月八路军晋察冀军区部队著名的黄土岭战役；1941年以来反扫荡最成功的黄崖洞保卫战（黄崖洞兵工厂系当时华北敌后我军最大兵工厂）等。在凤凰山巅修建的"八路军抗战纪念碑"，碑身高19.37米，寓意中国全面抗战爆发的年代1937年，两侧镌刻有谷穗与长枪组成的图案，表现了八路军靠"小米加步枪"打败日军的传奇历

图35.武乡县八路军太行纪念馆内景（刘锦标摄）

图36.武乡县八路军太行纪念馆鸟瞰（刘锦标摄）

图37.武乡县八路军太行纪念馆纪念碑（刘锦标摄）

程。此外，八路军雄风碑林公园、八路军窑洞战景观、和平颂雕塑及武乡县的八路军广场都增添了伟大的抗日战争气氛和精神。值得说明的是，在武乡这没有围墙的八路军博物馆里，人们更可领略到全县城及周边重要的抗战旧址，它们讲述了惊心动魄的故事，展示并记载了荡气回肠的历史。

图38.清苑县冉庄
街景
图39.冉庄地道内
景
图40.冉庄地道内
景
图41.地道战旧影

⑨此章由金磊撰写

八路军总司令部王家峪旧址距武乡城关35公里，是第一批全国重点文物保护单位，1939年11月11日—1940年6月17日，朱德、彭德怀、左权、邓小平、刘伯承、陈赓等在此驻扎过；同样是1961年国保单位的八路军总司令部砖壁旧址由砖壁村一组玉皇庙、佛爷庙、娘娘庙、李家祠堂组成，建筑玲珑挺秀，绚丽多彩，富于山西地方特色。1938—1942年，八路军总司令部在此驻扎，1940年秋，威震中外的百团大战由彭德怀、左权等在此指挥；坐落在山西左权县东南部太行山峡谷中麻田镇的八路军前方总部旧址位于晋、冀、豫三省的交界处，1940年11月7日，八路军前方总部、中共中央北方局等首脑机关进驻辽县（今左权县）武军寺村及麻田镇一带，在这里指挥华北军民抗战达5年之久；八路军一二九师司令部旧址位于河北涉县赤岸村中央，当年在一二九师师长刘伯承、政委邓小平运筹帷幄下，创建了晋冀鲁豫这块抗日根据地。

三、河北省抗战史迹⑨

河北是较早全省沦陷的省份之一，与山西省一样，是开展敌后游击战最成功的省份之一。

1.冉庄地道战遗址

遗址位于河北省清苑县冉庄,现存地道战遗址保护区30万平方米。1959年建立遗址博物馆,1961年被国务院列为全国首批重点文物保护单位。

冉庄地道战遗址现仍保留着20世纪三四十年代冀中平原村落环境风貌,地面完整保留着高房工事、牲口槽、地平面、锅台、石头堡、面柜等各种作战工事以及冉庄抗日村公所、抗日武装委员会等;地下完整保留着当年作战用的地道以及卡口、翻眼、囚笼、陷阱、地下兵工厂等地下作战设施。地道形成完整的网络,以十字街为中心,东西南北4条主要干线,长2.25公里;南北支线13条,东西支线11条。另有西通东孙庄,东北通姜庄,东南通隋家坟和河坡的村外地道。地道全长16公里,形成了村村相连、家家相通、能进能退、能攻能守的地道网格局。地道的出入口设计十分巧妙,有的修在屋内墙根壁上,有的修在靠墙根的地面,还有的建在牲口槽、炕面、锅台、井口、面柜、织布机底下等处,伪装得与原建筑一模一样,使敌人很难发现。地道一般距地面2米,洞内高1米~1.5米,宽0.8米~1米,分为作战用的军用地道和供群众隐蔽用的民用地道两种。地道设有照明灯和路标,建有储粮室、厨房、厕所和休息室。为了充分发挥地道的优势,在村里各要道口的房顶上修建了高房工事,在地面修建了地堡,把地道与地面工事有机地结合起来,具有五防,即防破坏、防封锁、防水灌、防毒气、防火烧的特点。冉庄地道战工事有"三通"和"三交叉"之

图42.原建狼牙山三烈士纪念碑(旧影)

图43.重建狼牙山五壮士纪念碑(刘锦标摄)

说，即高房相通、地道相通、堡垒相通，明枪眼与暗枪眼交叉、高房火力与地堡火力交叉、墙壁火力与地堡火力交叉。形成了"天地人"三通，构成了房顶和地面、野外和村沿、街道和院内纵横交叉的火力网，组成了一个连环的立体作战阵地。

1937年七七事变后，日军大举南侵，采取"铁壁合围"、"纵横梳篦"的清剿战术，进行灭绝人寰的"大扫荡"，实行"烧光、杀光、抢光"的"三光"政策。仅在6万平方千米的冀中平原上，就修筑据点、炮楼1 783处，修公路2万多公里，挖封锁沟8 878公里，把冀中平原细碎分割成2 670块，使冀中人民蒙受了巨大的战争苦难。

为在无险可守的平原地区保存自己，消灭敌人，坚持敌后抗战，扩大抗日根据地，扭转战局，冉庄人以其聪明才智和创造精神，巧妙地设计了上述设施，将古已有之的地道战法发挥到了极致。聂荣臻元帅曾为此亲笔题词："神出鬼没，出奇制胜的地道战，是华北人民保家卫国，开展游击战争，在平原地带战胜顽敌的伟大创举。地道战又一次显示出人民战争的无穷伟力。"

2.狼牙山五勇士纪念塔

　　1941年，日军对河北易县的狼牙山地区抗日根据地进行了连续的扫荡，实施凶残的"三光"政策，制造了田岗、东娄山等多起惨绝人寰的惨案，妄图蚕食我抗日根据地。9月24日，3 000名日伪军突然包围了狼牙山地区，将八路军邱蔚团和易县、定兴、徐水、满城四县游击队以及周围人民群众共2 000多人包围，形势十分严峻。在我军突围作战中，马宝玉班长带领葛振林、宋学义等5名战士边打边向棋盘陀方向撤退，把日伪军引向悬崖绝路。当他们退到棋盘陀顶峰时已弹尽粮绝，面对步步逼近的日伪军，五位勇士毁掉枪支，义无反顾地纵身跳下数十丈深的悬崖。马宝玉、胡德林、胡福才三人壮烈殉国；葛振林、宋学义被山腰树枝挂住，幸免于难。马宝玉等5位战士的壮举，表现了崇高的爱国主义精神和坚贞不屈的民族气节，被誉为"狼牙山五壮士"。为纪念和表彰5位抗日英雄，当地政府为英勇殉国的三人在棋盘陀峰顶修建了"狼牙山三烈士碑"。此碑日后被日军焚毁。

　　1959年5月，人民政府重立纪念碑，并更名为"狼牙山五勇士纪念塔"。聂荣臻为纪念塔题词："视死如归本革命军人应有精神，宁死不屈乃燕赵英雄光荣传统。"

　　河北省重要的抗战遗址，尚有喜峰口、古北口长城抗战遗址，安平县圣姑庙遗址，阜平县普佑寺遗址等多处；抗战胜利后，相继建有华北烈士陵园、白求恩纪念馆等。

四、河南省抗战史迹及纪念地[⑩]

　　河南省是正面作战和敌后游击战均十分惨烈的地区，今留有建筑遗址多处，并建造了许多重要的纪念建筑和博物馆建筑。

图60.1938年6月9
日，为阻止日
军南进，第一
战区决定在
黄河花园口
决堤

图61.中国军队在郑
州黄河水淹区
域涉水行军

图62.黄泛区灾民

1.竹沟镇中共中央中原局旧址

旧址位于河南省确山县城西30公里的竹沟镇。这里地处确山、桐柏、泌阳三县交界处，是桐柏山的腹地。镇东大沙河自北向南流过，东临南北交通干线京广铁路，地理位置十分优越。1938年11月，中共中央六届六中全会决定建立中原局，驻地设在竹沟镇，领导长江以北、陇海铁路以南的河南、湖北、安徽、江苏地区党的工作。刘少奇、李先念、彭雪枫、朱理治、陈少敏等同志曾在这里高举抗日民族统一战线的旗帜，组织和开展游击战争，开创华中地区抗战新局面。竹沟镇成为新四军成长壮大的一个重要基地，缔造了新四军第二、四、五师，为中国共产党培养了3000多名军政骨干，被誉为"小延安"。

中共中央中原局旧址由4所民居建筑构成，坐北朝南，有房屋36间。其中有中原局办公室、刘少奇工作室和住室、接待室、警卫人员住室，还有刘少奇亲手种植的石榴树、郭述申住室等。房屋均为青砖灰瓦硬山式建筑。在竹沟镇还有新四军八团留守处、教导队和镇北军事会议旧址等。

2.八路军驻洛阳办事处旧址

图63.吉鸿昌纪念馆(1)
图64.吉鸿昌纪念馆(2)

旧址位于河南省洛阳市老城区贴廓巷35号，自1938年11月设立到1942年2月撤离，历时3年多，是全国坚持时间较长的八路军办事处之一，曾开展了卓有成效的统战工作和情报工作，掩护和护送了数以千计的我党我军干部，成为我党在中原地区的落脚点和中转站。同时，办事处利用公开、合法的身份，帮助、支持了河南地下党的工作，使大批的党员、进步青年从这里走上了我党领导的抗日战场。作为国共合作的产物，办事处正确执行了党的抗日民族统一战线政策，在全国八路军办事处的历史上，在抗日战争的胜利史上发挥了重要作用，写下了光辉的一页。

八路军驻洛阳办事处旧址是刘少奇、朱德、彭德怀、徐海东等领导人在洛阳从事重要革命活动的历史纪念地。现存刘少奇、彭德怀住室、救亡室、豫西省委会议室等历史遗存。

八路军驻洛阳办事处旧址也是河南省一处保存完好的清代民居建筑群。现存建筑物的建筑结构基本相同，前后三进院落，前为临街房和大门，中为一、二厅堂，后为上房。占地面积4 380余平方米，建筑面积3 300余平方米，共有二层楼房129间，具有较高的建筑艺术价值。

3.吕潭学校旧址与吉鸿昌烈士墓

吕潭学校位于河南省扶沟县城东北9公里吕潭镇。包括吕潭学校和吉鸿昌故居。吕潭学校系吉鸿昌将军(字世玉，河南扶沟人，1895—1934)于1921年创建。旧址现存有大门、中山堂及校舍17间。中山堂，面阔三间，进深三间，单檐歇山顶，屋面覆绿色琉璃瓦，前坡屋面中心又以黄色琉璃瓦砌出菱形图案装饰，菱形两边砌有"中山"二字。室内梁架为抬梁结构，彻上明造。学校旧址东侧有吉鸿昌故居，始建于1930年，校董事委员会在吉鸿昌创办的学校将要建成之际为其所建。故居坐北面南，为四合院，原有房屋22间，计北屋5间、东西廊房各6间、南临街房及大门5间，面积430平方米。后来大门及临街房被拆除。1985年对故居进行维修，将房基抬高1米，恢复原貌。

吉鸿昌烈士墓原在扶沟县，1964年迁葬于郑州市烈士陵园。墓用白水泥筑成长方形，长3.2米，宽1.4米，高0.6米。墓前立方形汉白玉墓碑，碑高1.6米，宽0.96米，厚0.23米。正面中间嵌烈士照片，背面镌刻烈士生平事迹和就义前的诗作"恨不抗日死，留作今日羞。国破尚如此，我何惜此头"。吉鸿昌于1932年加入共产党，1933年5月26日，察哈尔民众抗日同盟军成立时，任第二军军长兼北路军前敌总指挥，收复多伦等失地。同盟军失败后转入地下开展抗日活动。1934年11月9日在天津被捕，11月24日在北平英勇就义。

4.八路军兵站旧址

旧址位于河南省渑池县城东关小寨村，含兵站、刘少奇旧居、中共豫西特委扩大干部会议旧址三处。八路军渑池兵站是抗日战争时期，中国共产党及八路军通往太行山八路军前线总指挥部的交通枢纽，是1938年11月经朱德、彭德怀签署文件，林伯渠写信委派刘向三与国民党当局谈判后建立的公开机关。任务是：转运粮食、弹药等军需物资；保护党、政、军干部和爱国人士过往的安全；宣传抗日、加强统一战线；发动群众，组织武装力量，参加抗日斗争。兵站从1938年11月建立，到1941年结束，对巩固豫西抗日革命根据地起到了重大作用。

刘少奇旧居，位于渑池县城海露大街95号（原名中山大街）王姓院内。该院坐南面北，北临大街，分前、中、后三院，后院有出前檐上房3间，东西厢房各3间。1938年11月28

图65.四一二纪念亭全景

日，中原局书记刘少奇在前往中原局途中在此居住。室内设备简陋，旧居内陈设的木床、桌子、椅子和火盆，均为刘少奇当时所用的原物。

中共豫西特委扩大干部会议旧址位于渑池县东关海露北街（当时名为新华街）24号院内，是一座普通的砖拱券民居窑洞。窑洞坐北面南，1洞3室，中间1门，东西套间各开1窗，总面积约相当于民房3间。室内设施有破旧漆桌1张，小方凳3个，煤油灯1盏，地面原铺有谷草和苇席。1938年12月20日，中共豫西特委扩大干部会议在此举行。

5.“四一二”阵亡将士暨殉难同胞公墓碑

此碑简称“四一二烈士碑”，立于河南省内黄县城南20公里处的硝河东岸白条河林场东侧。

1941年4月12日，日军调集日伪军2万余人，对沙区根据地实行疯狂的大扫荡。数万间房屋被烧毁，4 000多人遭到灭绝人性的屠杀。为纪念牺牲的八路军将士和死难同胞，晋冀鲁豫边区党委率边区第二十、二十一专区各界于“四一二”大屠杀一周年之际，在沙区李侯村南密林之中，隆重召开纪念大会，并建立公墓，刻石为碑。碑高2.87米，厚0.32米。碑阳为隶书，落款为“晋冀鲁豫边区第二十、二十一两专区各界公立”，碑阴详刻碑文，碑立于八角琉璃亭内。

6.商城县忠烈祠

忠烈祠位于河南省商城县城东南郊，是为集葬国民革命军陆军第八十四军在抗日战争中殉国将士的忠骸而修建的。忠烈祠坐北向南，由祠宇和墓葬两大部分组成，南北纵深180米，东西宽约110米，占地近2万平方米。

抗日战争时期，国民革命军陆军第八十四军在军长莫树杰的率领下，驰骋抗日战场，历经1937年淞沪会战、1938年徐州会战和武汉保卫战、1939年和1940年两次随枣会战、

图66.商城县
　　八十四军忠
　　烈祠（1）
图67.商城县
　　八十四军忠
　　烈祠（2）
图68.商城县
　　八十四军忠
　　烈祠“四一二
　　烈士碑”（3）

1941年豫南会战等数十战,战绩卓著,先后牺牲师长钟毅、副师长周元、旅长庞汉桢等将士达万余之众。1941年该军驻防大别山区,军部驻扎商城。1942年春,战事稍息,军长莫树杰为敛葬抗战中殉国将士的遗骸,在商城县城东南修建了忠烈祠。莫树杰1950年率部接受和平改编,曾任中南军政委员会参事、广西壮族自治区政协副主席、民革中央顾问等职,1985年去世后骨灰撒在商城忠烈祠,陪伴英灵长眠在大别山麓。

7.卫河县抗战烈士陵园

烈士陵园位于河南省清丰县城西北6公里大屯乡大屯村的东南隅。陵园占地4.7亩,坐北面南,由大门、望柱、碧血亭、烈士祠和烈士公墓组成,系1945年4月卫河县人民政府为纪念抗日战争牺牲烈士修建。1940年,为适应抗日斗争形势的发展,上级决定将清丰县分为两部分,另设卫河县,辖区由清丰县西北部、南乐县西部、内黄县东北部三部分组成,下设6个区,县政府驻大屯村。抗日战争中,卫河县一带一直是冀鲁豫抗日根据地的中心区之一,卫河县人民同敌人进行了艰苦卓绝的斗争,仅有姓名可考的烈士就达650余名。

8.清丰抗战烈士祠

烈士祠位于河南省清丰县纸房乡武强镇村,建于1946年。烈士祠坐北朝南,面阔5间,单檐庑殿顶,砖木结构。东西长16.5米,南北宽7.54米。明间出望厦,门额

图69.卫河县抗战
　　烈士陵园大门
图70.卫河县抗战
　　烈士陵园烈士
　　公墓
图71.清丰抗战烈
　　士祠全景
图72.清丰抗战烈
　　士祠题名碑

悬挂横匾，镌刻隶书"碧血丹心"四字，望厦左右二根青石柱上分别镌刻"捐躯赴国难，八年来跟日寇顽伪血战肉搏，创出英雄事迹，树立民族正气，名垂青史惊人世"，"杀身为革命，长时期与父老乡亲共苦同甘，筑成自由堡垒，缔造群众福利，荣升厅堂慰忠魂"楹联。室内正中贴后墙立卧碑一通，高1.15米，宽1.28米，额首镌刻楷书"抗战烈士永垂不朽"，下面刻有158名烈士的姓名、职务、籍贯。

抗日战争时期，武强镇村曾是中共清丰县委、县政府所在地，是清丰县人民抗战活动的指挥中心。1946年，中共清丰县委、县政府为纪念在抗日战争中牺牲的158名清丰县籍烈士，在该村万寿宫旧址上修建了抗战烈士祠。

9.峡口抗日忠烈墓

峡口，地处商城县东北。信阳至合肥公路穿峡而过，系豫皖东进西出之咽喉，历为兵家必争之地。在抗日战争中，中国军队在这里阻击重创来犯日军，用鲜血和生命写下悲壮的历史篇章。

1938年8月下旬，侵华日军沿大别山北麓西进，企图攻陷商城，沿商（城）麻（城）公路突破大别山，策应溯江西上之敌钳击武汉。9月3日起，中国军队在固始富金山给日军以重大杀伤。12日，中国驰援部队行至峡口，得悉富金山已经失守，立即抢占峡口两侧的鹰嘴山、晏家山、赵棚等地制高点和有利地形进行布防，阻击日军，由抗日名将第三十一师师长池峰城指挥。战斗打响后，中国守军同仇敌忾，视死如归，与敌短兵相接，白刃格斗，徒手拼杀；十里战场，杀声弥天，悲壮惨烈。终因敌众我寡，商城沦陷。此役，日军伤亡惨重，尸体皆在附近焚化。我抗日部队牺牲千余将士，遗尸山野。

翌年春，峡口民众自发收集殉国守军遗骸千余具，合葬于晏山。并于1944年至1998年间两度捐资修墓立碑。

10.杨靖宇故居及纪念馆

抗日民族英雄杨靖宇故居位于河南省驻马店市驿城区古城乡李湾村（原名李庵）。故居坐北朝南，主房面阔4间，面阔13.5米，进深6.55米，硬山顶，小青瓦屋面。室内砖铺地面，明间正门有青砖所砌的三级踏步，房檐为青砖雕刻花纹四层，屋脊为青砖瓦筑成几何式花纹，正门施木质板门两扇，窗户饰方格花纹。东西配房面阔各3间，长10米，进深5.5米，硬山式，小青瓦屋面。室内青砖铺地，窗户均饰方格花纹，屋脊为青砖瓦筑成几何形图案，大门外有青砖砌成三级踏道。大门为土木结构，双开木门，起脊翘角门楼。故居整体为一组四合院。确山县人

图76.漯河受降堂遗址 (1)
图77.漯河受降堂遗址 (2)
图78.漯河受降亭受降碑 (1)
图79.漯河受降亭受降碑 (2)

民政府于1966年修复烈士故居，1981年竣工后，辟为纪念馆，先后建起了展厅12间，树立杨靖宇烈士塑像一尊，硬化水泥路面15 000平方米，植松柏、花木1 000多株。

11.漯河受降亭、受降碑和受降路

该受降亭建于1945年12月。日本战败投降后，漯河是全国16个受降区之一。1945年9月20日，中国第五战区司令刘峙代表中国政府在漯河山西会馆（现在的漯河二中院内），接受了侵华日军二九七一部队司令官鹰森孝带领的31 560名日军官兵的投降。日本方面的投降代表是日军第十二集团军司令官鹰森孝中将。有七八个美国军事顾问参加了受降仪式。签字后，鹰森孝脱下军帽，连着鞠了9个躬，并把佩挂的指挥刀双手举过头顶交给了刘峙。

图80.许世友将军
故居
图81.许世友墓

日军投降后在等待遣返回国期间,中国政府命令投降日军将竹木街通往煤市街(今公安街)的一条弯曲狭窄的土路加宽取直整修,后被命名为受降路。并把当时接受日军投降的竹木街也改名为受降路。

日军在漯河投降后,民众欢欣鼓舞,遂修建受降亭以志铭记。碑文记述了修建受降亭的经过以及受降亭的命运。

12.许世友将军故居及许世友将军墓

许世友将军故居位于新县田铺乡河铺村许家洼。故居坐北朝南,有砖木结构的房屋10间,占地322平方米。吞字大门,条石门框,大门上方悬挂着"许世友将军故居"的匾额,进大门的房间为正房和会客厅,面积较大,系新中国成立后修建,客厅里有将军工作和生活片段陈列。

将军墓坐落在将军故居西侧半山腰,坐北面南,墓地约100平方米。墓身由花岗石砌成穹隆形,高2米,直径4.4米。墓前竖一块灰色花岗石碑,碑体高2米,宽0.8米。碑体上有碑帽,下有碑座。碑正面刻着由中国著名书画家范曾书写的"许世友同志之墓"7个苍劲有力的大字。碑背面镌刻着将军生平。墓地后方用山石砌成弧形防水护土岸。许世友原名许仕友,河南新县人,生于1905年,卒于1985年。他自幼习武,1927年加入中国共产党。1955年被授予上将军衔。许世友的一生富有传奇色彩,以善打大仗、恶仗、猛仗而闻名,是中国人民解放军著名将领之一。

五、黑龙江、吉林、辽宁三省抗战史迹及纪念地⑪

东三省是最早沦陷的地区,也是最早开展游击战的地区。

东北抗日游击战争是东北各族人民在中国共产党的抗日号召影响和领导下抗击日本帝国主义侵略、反对伪"满洲国"统治的民族解放战争,是中国抗日战争和世界反法西斯战争的重要组成部分。东北抗日游击战争的中坚力量东北抗

⑪此章由于文生撰写

图82.1931年9月18日，日军炮击沈阳北大营

图83.日军进攻沈阳城

图84.九一八事变后的北大营

图85.战前沈阳北大营航拍

图86.九一八博物馆(1)(刘锦标摄)

图87.九一八博物馆(2)(刘锦标摄)

图88.伪满洲国哈尔滨警察厅旧址

图89.哈尔滨中共满洲省委旧址

图90.大庆市肇州县龙江江委旧址

日联军及其前身东北抗日义勇军、东北反日游击队和东北人民革命军在中国东北进行的抗击日本帝国主义侵略的武装斗争,揭开了世界反法西斯战争的序幕,是中国抗日战争的开端;它推动了全国抗日救亡运动的发展,歼灭和牵制了日本侵略军的大批有生力量,延缓了日本帝国主义全面侵华战争进程;它协同苏联红军及八路军、新四军挺进东北,迅速歼灭日军,建立了不可磨灭的历史功勋。东北抗日斗争过程中留下了大量建筑历史遗迹。

(1)1931年日本军国主义者发动九一八战争后,原东北军的一部分爱国官

图91.旅顺胜利塔全景(刘锦标摄)

图92.旅顺苏军烈士陵园

图93.通化杨靖宇烈士陵园

兵,东北的爱国工人、学生、农民、知识分子、地方官吏士绅、绿林队伍和民间团体、"红枪会"、"大刀会"等同仇敌忾,纷纷组织起"义勇军"、"救国军"、"自卫军"等名称不同的抗日武装队伍,在很短时间里,迅猛发展壮大到30余万人,统称为东北抗日义勇军。虽然当时没有政府的支持,没有统一的指挥,但他们高举爱国抗日的大旗,与日本侵略者进行浴血拼杀,谱写了东北近现代史上前所未有的壮丽篇章。"嫩江桥抗战"和"哈尔滨保卫战"等战役有力地打击了日本侵略者的嚣张气焰,极大地鼓舞了东北和全国人民的抗日斗志。马占山在齐齐哈尔的办公地、江桥抗战、双城阻击战等重要遗址现保存完好,并建立了纪

华北、东北等地抗战纪念建筑考察纪略

图94.杨靖宇烈士纪念碑

念标志。

  (2)从1931年冬季开始,中共满洲省委根据中央的指示,陆续派遣党、团员到东北各地乡村组织农民群众创建工农义勇军和反日游击队,开辟抗日游击区。杨靖宇、张甲洲、赵尚志、李兆麟、周保中、冯仲云、赵一曼等就是在这个时期被派到东北各地发动群众组织抗日武装的。

  1932年初,中共满洲省委迁至哈尔滨,新任满洲省委书记、中共中央政治局候补委员、中央驻东北代表罗登贤,在民族危亡时刻,坚定地站在抗日第一线指挥斗争,明确提出了东北党组织的中心任务就是领导人民进行抗日斗争。满洲省委发动各级党组织积极开展抗日宣传活动,组织反日救济会、互济会、反帝大同盟等群众团体,动员人力物力支援义勇军等抗日力量。在卢沟桥事变后,东北抗日联军第一路军总指挥兼政委杨靖宇发动西征,出击日军,支援关内的斗争。1938年5月,召集南满党和军队干部开会,讨论坚持游击战争策略。会后,在通化、临江一带开展抗日斗争,给敌伪军以沉重打击。

  (3) 1933年,按照党中央提出的在东北地区实行全民族的反日统一战线,联合各种反日武装力量共同抗日的指示,以反日游击队为基础扩编为东北人民革命军。从当年9月到1936年2月,东北人民革命军第一、二、三、六军,东北抗日同盟军第四军,东北反日联合军第五军等6个军相继组成,共6000余人。

  为长期霸占东北,日本侵略者炮制了伪"满洲国"傀儡政权,建立起一整套

图95.大庆四方山烈士陵园

图96.饶河抗日纪念碑

图97.哈尔滨自卫战纪念碑

华北、东北等地抗战纪念建筑考察纪略

军队、警察、宪兵、特务机构等严密的反动体系，制造了一起起骇人听闻的血腥惨案，也留下了许多罪行遗迹。如在哈尔滨有伪滨江省公署、警务厅、伪第四军管区司令部、日本宪兵队部、伪哈尔滨警察厅、伪哈尔滨市公署和日本驻哈尔滨总领事馆等统治机构旧址。伪哈尔滨警察厅是日伪当局推行法西斯统治的重要工具之一，在其存在的13年中，对东北人民犯下了滔天罪行。1936年夏天，赵一曼烈士就曾在这里受过酷刑折磨，坚贞不屈，走上刑场。1937年4月15日，伪哈尔滨警察厅参与对地下抗日人员的大逮捕行动，中共哈尔滨特委及其所属组织均遭到破坏，中共党、团员及爱国群众745人被关进监狱，198人惨遭杀害；1940年冬制造的"三肇惨案"逮捕325人，杀害170余人。

军事设施有虎林、东宁、富锦、宝清、饶河、孙吴、海拉尔等地的大规模地下军事工程、兵营、军用机场等遗址。建立于1935年的哈尔滨平房七三一细菌工厂，又是一个日本军国主义违反国际法，进行细菌战罪行的见证。1938年，七三一部队细菌实验场秘密建设初具规模时期，关东军司令部曾发布命令，将七三一部队周围方圆120平方公里地域划为特别军事区，把距部队5公里以内的地方变成了无人区。七三一部队设有细菌、实战、防疫给水研究、细菌生产、总

图100.位于江川农场的抗联六军一
师师长马德山纪念碑

务、训练教育、器材供应和诊疗等部门。还在林口、海林、孙吴、海拉尔设4个支队，在大连设有卫生研究所，人数达3000余人。

(4) 1936年2月20日，中共东北党组织和东北人民革命军，根据中共驻共产国际代表团关于东北抗日军队统一改编的决定和《八一宣言》的精神，将东北人民革命军、反日联合军、反日游击队统一改编为东北抗日联军。

一方面，东北抗日联军没有得到当时国民政府任何给养的供给，另一方面，日伪军不断"讨伐"和"归屯并户"政策的实施，严重割裂了抗联与广大人民群众的联系。每一颗子弹、每一粒粮食的获得都要付出鲜血甚至生命的代价。密营成了抗联休整、补给、越冬的唯一依托地。在深山老林中，抗联官兵巧妙地利用地势、地貌修建规模、大小不等的地窖子或利用山洞栖身。这些密营中有军事政治学校、营盘、被服厂、兵工厂、粮食仓库、后方医院等。可惜保存下来的很少，如伊春市四块石山里的抗联三、六军基地，宝清县兰棒山里的抗联第二路军总指挥部后方基地、伊春市乌敏河锅盔顶子山上的中共满洲省委机关驻地和哨所等。

1945年8月，抗联官兵随同苏军及八路军、新四军挺进东北，迅速占领57个重要战略城镇，建立人民政权，为收复祖国东北失地和中国共产党迅速抢占东北，做出了重要贡献。抗战胜利后，东北各地修建了许多抗日纪念建筑，规模较大的有东北抗日暨爱国自卫战争纪念塔、珠河抗日游击队纪念碑、饶河抗日游击队纪念碑、"八女投江"纪念碑、抗联三军军长赵尚志及抗日民族女英雄赵一曼烈士纪念塑像、杨靖宇将军纪念馆及陵园等。

东北三省重要的抗战史迹和纪念地还有：黑龙江省泰来县江桥战役遗址；吉林省长春市伪满洲国建筑群、丰满水电站；辽宁省皇姑屯事件遗址、北大营遗址、旅顺口苏军烈士陵园、沈阳九一八博物馆等。

结　语

就本文所涉及北方各省市而言，限于条件，很遗憾山东省和内蒙古自治区的抗战建筑遗迹及纪念地未能顾及，但在对七省市的考察过程，也足以感受到前所未有的冲击和震撼。

我们铭记下日军的暴行和奴化图谋——哈尔滨七三一遗址、大同煤矿万人坑遗址、北京房山云居寺遗迹、河北安平县圣姑庙遗址、阜平县普佑寺遗址，以及长春伪满皇宫、丰满水电站……

我们铭记下中国军民的英勇不屈——北京卢沟桥及宛平城遗址河北清苑县冉庄地道战遗址,山西平型关大捷遗址、娘子关遗址,河南商城县忠烈祠遗址、峡口抗日忠烈墓……

我们铭记下敌后战场险恶形势下指挥若定的三处八路军总部……

以冉庄地道战为典型事例,我们在战争中建造了象征民族精神的新的长城。

湖北武汉抗战历史建筑遗存考察纪略
——记述老建筑背后的历史故事

李媛丽　陈 飞

引子

"热血沸腾在鄱阳,火花飞进在长江,全国发出了暴烈的吼声,保卫大武汉!武汉是全国抗战的中心,武汉市是今日最大的都会,我们要坚决地保卫着她,像西班牙人民保卫马德里,粉碎敌人的进攻,巩固抗日的战线,用我们无穷的威力,保卫大武汉。"这首由沙旅、尔冬作词,郑律成作曲,一度唱遍大江南北的《保护大武汉》,虽然简短,但扼要地道出了南京沦陷后,武汉在全国抗战中的地位。

七七事变后,中国国民党与中国共产党实现了第二次历史性的合作,全面抗战爆发。"九省通衢"的武汉,由于所具有的战略地位,从国民政府做出迁都决定到武汉失守的近一年时间内,作为中国的实际首都,是中日双方攻守的中心目标。第九战区司令长官陈诚在《以全力保卫大武汉——为民国二十七年抗战周年纪念作》中指出"今日武汉已成为第三期抗战中最重要的据点,这里是我们雪耻复仇的根据地,也是中华民族复兴的基石。今日全国民众,尤其是在武汉的每个军民,应当激发最大的同仇敌忾心,人人都下誓与武汉共存亡的决心,来守住这个重大的国防的堡垒",抗日战争进入了以"保卫大武汉"为中心的武汉时期。

武汉保卫战又称"武汉会战",始于1938年6月中旬日军占领安庆,至10月下旬武汉三镇全部沦陷。此役,国民政府军事委员会先后共调集约130个师和各型飞机200余架,各型舰艇及布雷小轮40余艘,利用大别山、鄱阳湖和长江两岸的有利地形,组织防御,保卫武汉,是抗日战争战略防御阶段规模最大、时间最长、歼敌最多的一次战役。中国军队浴血奋战,历经大小战斗数百次,以伤亡40余万人的代价毙伤日军20余万人,大大消耗了日军的有生力量。此后,日军兵力不敷分配,战略进攻势头大大减弱,其以速战速决迫使中国政府屈服的战略企图失败,抗战进入战略相持阶段。

作为"武汉会战"的大本营所在地,武汉留下了大量的抗战遗存,突出地反映了武汉在中国近代史上的重要地位。

因大型图文专集《抗日战争历史建筑》编辑工作需要,2010年3月31日至4月1日,以北京市建筑设计研究院为大本营的民间学术团队建筑文化考察组在国家文物局的支持下,开始了对武汉抗战历史建筑遗址的考察。此行得到了湖北省文物局的大力支持,该局陈飞同志作为考察组的新成员,与金磊、殷力欣、韩振平、刘锦标、柳笛一道,对八路军武汉办事处旧址、新四军军部旧址、苏联空军烈士陵园、武汉外围防御工事、郭沫若故居、周恩来故居等抗战建筑遗存做了较详细的实地考察。考察组离鄂赴湘后,为进一步摸清武汉抗战建筑,陈飞与李媛丽同志对相关遗存进行了补查。

2010年3月31日　晴转多云

伏虎山——蛇山——张公堤

一寸山河一寸血

图1.李汉俊墓

春日的武汉，天气虽说还有一丝湿冷，但在江风的洗涤下，伴着处处鸟语花香，江城显得有些恬淡。考察组一行乘车经过一段城市的喧嚣，来到了湖北省林科院门口，由于以往常有人来拜祭英烈，所以没费多少口舌，便顺利通行，上了伏虎山。

伏虎山是东湖畔的一座小山。相传"赤壁大战"前，关羽率军途经此地，正值盛夏，士兵酷暑难熬，他派人四处寻找水源，均无所获。突然，一位银须飘拂的老翁出现，称："这里原是水丰林茂之地，后出了个老虎精，把湖湾水源全糟蹋了。老百姓为得水，还得送上童男童女供其受用！"话语未落，狂风骤起，一只白额猛虎张牙舞爪地扑了过来。关羽见状，随手祭起青龙偃月刀，大刀瞬息化为一条青龙，呼啸着迎虎而上，龙虎相搏，飞沙走石，斗得天昏地暗。青龙越斗越勇，猛虎最终被伏，趴在地上化成了一座石山。有诗云"青龙降虎关云长，甘醇还数卓刀泉。"虽然山的来源只是一个"神话"，不过从远处眺望，伏虎山还真像一只趴卧的大老虎。

由于地处武汉近郊，交通便利，自然风景优美，民国时期，伏虎山成了名人的"阴宅"集聚地。早年，刘公、刘静庵、蔡济民等辛亥革命先烈长眠于斯，后北伐将领张森亦葬于此。20世纪80年代，辛亥首义"三武"之孙武也由北京归葬至此。同时，这里还安葬着著名的中共一大代表李汉俊先生。名人聚集之密，堪称"湖北的八宝山"。目前，该山大部为湖北省林科院所有。

顺着山间的林荫小道，迎着和煦的晨风，呼吸着香樟树散发的清香，怀着由来已久的崇敬之情，在不知不觉中来到了郝梦龄墓前。该墓初建于1937年，"文革"时期与周边的其他名人墓一并被毁。1981年，辛亥革命70周年大庆，其在原址重建。2002年，由湖北省人民政府公布为省级文物保护单位。墓地处伏虎山北坡，坐西南朝东北，砖混结构，由神道和墓园两部分组成，面积约70平方米。神道为仰斜坡踏步式，朴素无华；墓园平面为正方形，正中设弧角四边形墓冢，穹隆顶式，高约1.5米，前立圆弧顶花岗岩墓碑，正面隶书阴刻"郝梦龄烈士之墓"，显得厚重而深沉，周围有高约1米的矮墙，正面左右分别嵌有保护标志碑和说明牌。

郝梦龄（1898—1937年），字锡九，河北藁城县人。早年毕业于保定军校。1926年归属于冯玉祥的国民军，任第四军第二十六旅旅长。在北伐战争中，由于作战英勇，升任第四军第二师师长。攻克郑州后，任国民革命军第五十四师师长。后任第9军副军长、军长。1935年晋升为陆军中将。

七七事变后，郝梦龄请缨北上抗日。1937年9月，他率部从贵州北上，行抵武汉。在家与妻子、儿女临别前，他立下遗嘱："此次北上抗日，抱定牺牲。万一阵亡，你等要听母亲的调教，孝顺汝祖母老大人。至于你等上学，我个人是没有钱。

图2.郝梦龄墓

图3.武汉各界恭迎郝梦龄、刘家麒灵柩

将来国家战胜，你等可进遗族学校。"下定为抗日牺牲的决心。郝梦龄到达石家庄后，编入卫立煌第十四集团军序列，任前敌总指挥，领导第九军和晋绥军第十九军、第三十五军、第六十一军坚守忻口以北龙王堂、南怀化、大白水、南峪线的主阵地。此时山西雁门已失守，晋北忻口成了山西御敌的第一线。10月4日，郝梦龄率第九军赴忻口前线。战前，他鼓励官兵说："此次战争为民族存亡之战争，只有牺牲。如再退却，到黄河边，兵即无存，哪有官长。此谓我死国活，我活国死。"

10月11日，日军指挥官板垣征四郎率第五师团，在飞机、大炮、坦克的掩护下，倾全力向第九军阵地发起猛攻。双方在忻口西北204高地展开激烈的拉锯战。第九军损失惨重，有的团仅剩一个营。为坚守阵地，郝梦龄鼓舞官兵说："就是剩下一个人也要坚守阵地，决不后退！我若先退，你们谁都可以枪毙我！"15日夜，总司令卫立煌亲赴前线嘉奖作战将士，增加7个旅交郝梦龄指挥，并命他分三路夹击日军。16日凌晨2时，郝梦龄亲临前线，身先士卒，率部前进，突袭敌阵，连克数个山头。战至5时，郝恐天亮新阵地难于巩固，不如乘胜追击，遂继续挥兵奋进。在通过一段隘路时，身中敌弹，壮烈牺牲。郝梦龄是抗战中中国军队牺牲的第一位军长。1937年10月24日，其灵柩由山西运抵武汉。11月16日上午，武汉各界在市商会大礼堂举行公祭，全市下半旗致哀，武汉行营主任何成濬代蒋介石委员长主祭，并以国葬礼将其安葬于此。为纪念郝梦龄的功勋，汉口北小路改名为郝梦龄路。在墓道前，考察人员不约而同地双手叩合躬身作揖，然后轻迈脚步，拾阶而上，进入墓园。这一切都是出自一种敬意，对民族英雄高尚情操的膜拜。

据史料记载，与郝梦龄一起牺牲的刘家麒也应葬在附近，然而我们找遍了整个山头，也未见一丝遗迹。后听说，"文革"毁掉后没有修复，实感惋惜。真希望，武汉市有关部门在实施的第三次全国文物普查中，能通过走访当年幸存"好事者"或实地深入调查发现烈士墓所在,为其重新入殓,再造新坟,也好让两位沙场战友,生同挥戈,息后永伴。

(二)

从伏虎山下来,考察组成员虽都有一丝伤感,但为了不影响后面的行程,大家还是强打精神,赶赴下一个考察点——蛇山表烈祠。此时的武汉,在众多汽车的簇拥下,交通显得有点臃肿,行道困难,原本只需一刻钟的车程,却花去了我们近1个小时。好不容易到了目的地,却又为找不到停车位犯愁。考察组一行人只好先下车,由司机师傅自己解决停车问题。

眼前的表烈祠,静静地被一些拆除了一半的现代建筑包围着,牌楼门额挂着一方黑底黄字大匾"黄鹄山庄"。琉璃屋面有些残破,几株小树在微风中摇曳着。不熟悉情况的人,很难把这样的建筑和抗战烈士纪念祠堂联系在一起。门口守卫的大姐们正在悠闲地"搓麻",简单地解释了一下,她们便放我们进去了,且很热情。

表烈祠与同期的南岳忠烈祠在选址、形制、布局上,有较多的相似之处:都建在山腰,都有长长的神道和类似中国古代宫殿的大坡屋顶。整个建筑背依蛇山,坐北朝南,中轴线上依次为牌楼、神道、主楼。牌楼为砖混结构,四柱三门单层楼式,绿琉璃瓦顶;神道依山就势修筑,逐级抬升,采用条石砌筑,分左右两路,中间以"陛"隔开,直抵主楼月台;主楼平面成"凸"字形,砖混仿木结构,重檐歇山绿琉璃瓦顶,整座建筑给人肃穆庄严之感。

抗战初期,由于武器装备落后,单兵素质相对较低等客观原因,中国军队伤亡极大。为了鼓舞士气,祭奠为国捐躯的烈士,1938年初,国民政府军事委员会命令第十八军工程营,在其驻地左侧的蛇山南坡,建成了这座表彰先烈、供奉阵亡将士的祠堂——表烈祠。由于战事惨烈,祠堂落成后,几乎每天都有前方阵亡

图4.表烈祠全景

将士的灵位入祠。其中包括在忻口会战中牺牲的郝梦龄、刘家麒等知名抗战将领、武汉保卫战的空战英雄李桂丹、陈怀民等。

表烈祠建成后不到一年时间，武汉便被日寇攻克，祠原有的祭祀功能也就被废止了。抗战胜利后，1947年，为纪念七七事变十周年，地方当局对其进行了修复，并于七月七日这一天，组织民众举办了隆重的奉安祭典，将烈士灵位重新请回祠内。对于烈士入祠盛况，第二天的《武汉日报》曾以《抗战殉难忠烈官兵昨举行入祠祭典，武汉官民热烈迎灵弥增哀荣》为题进行了报道："鄂省垣各界，于七日上午举行抗战殉难忠烈官兵入祠典礼，市区遍悬国旗，通道均结彩匾。九时，由乐队前导，武汉两市长率各界代表及保安队士兵、省警局警士各一队共千余人，赴省民教馆迎接灵位，随即途经中正路、胡林翼路（今民主路）、熊廷弼路（今武珞路）……灵位所经，行人肃立致敬、商店住户争相鸣炮，素车白马备极哀荣。堂前远眺，忠烈祠依山而建，水光山色，一览无遗，气势极为雄伟。门首一联云：其生也荣，国有干城，民有楷模；虽死不朽，在地河岳，在天日星……抗战殉难忠烈官兵灵位安置正中。"

新中国成立后，这里一直被作为其对面高等学府中南财经政法大学的招待所，美誉"黄鹄山庄"。自此，再鲜有人知，这里曾祭祀抗战英灵。直到第三次全国文物普查的实施，在热心人士的帮助下，表烈祠才重新进入公众视野，被媒体、学者、大众所认可。

由于年久失修，加之使用性破坏，表烈祠的翼楼已被拆除。牌楼多处破裂，方柱白灰抹面大面积开裂脱落，隐约间显露出"文革"时期所书写的标语。沿着长长的斜坡神道而上，有点吃力。随着体力的下降，精神也渐散，至月台前顶部

图5. 表烈祠主楼

时已是气喘连连。手抚云纹望柱，仔细审视整座建筑，不禁为当时设计者高明的理念而称奇。长长的神道依山傍势分三阶而作，共54级，丝毫没有对山体削凿的痕迹。与月台的结合部分左右而上，连接自然、恰当。在主楼下，无论在月台何角度，均须仰视，方可见二层主体檐部"悬匾位"，且在大屋顶下，似乎总有一种建筑对人的压迫感。进入楼内，深、广的内空间，巨大的立柱，都让参拜者有一种"小我"感觉。这也许就是祭祀建筑所附带的"神灵"威严。

据门卫讲，配合蛇山绿化整治工程的实施，表烈祠将改建为抗日性质的纪念馆。甚幸！也许在不久的将来，烈士英灵可以重栖。

（三）

从表烈祠下来，已日中正午，大家的肚子都有些饿了。本来可以忍耐一下，顺路将周边的国民政府军事委员会旧址一并考察了。可到近前时才发现，现作为湖北省图书馆特藏部古籍阅览室的"旧址"已经下班了，大门紧闭。于是，在武昌"首义园"草草品尝了一些湖北小吃，便赶赴下一个考察地——张公堤碉堡群。

张公堤地处武汉城区东北郊，东起汉口堤角，西至舵落口，全长23.76公里，顶宽约8米。原是一条防治水患的大坝，清光绪三十一年（1905年），由湖广总督张之洞筹建，因之得名。该堤建成后，汉口与东西湖分开，后湖等低地露出水面，可供居住和耕作。后经汉口地皮大王刘歆生开发，汉口市区大为扩展。1931年，长江水患后，对堤坝进行了加高培厚，高程一度接近30米。武汉解放后，年年维护，在做好加固的基础上，先后实施了排泄闸站、防浪墙、护坡、子堤等配套建设工程。1986年，又在堤顶铺设了路面。1998年，武汉遭受百年未遇的特大洪水后，市政府又大量投资，将堤顶公路全线贯通，使其成为汉口外环线的重要组成部分。从此，防汛堤变成了武汉重要的交通线。

九一八事变后，为了应对日寇作战，国民政府在全国进行了一系列的战备行动，其中一项重要任务就是修筑防御工事。武汉"九省通衢"，战略地位显著，被作为重要防御区，重点布防。因此，相继分三期建设了一批防御工事。据陈诚在1938年1月21日的日记记载："武汉城防，于九一八事变后，即已注意及之，曾构筑野战工事及永久炮兵工事，称之为武汉要塞，是为武汉城防建设之第一时期。其后主持机构屡经变迁，构筑计划，亦屡经修改，至二十六年二月，必要建设已粗具规模，交由武汉警备司令部接管，是为城防建设之第二期。是年七月抗战军兴，根据淞沪会战经验，知已有工事，不尽合用，乃有此次会议之召集，旋即成立武汉城防工程处、河川工程处、筑路工程处等，分别负责施工，在可能范围内使城防、江防、交通等方面，兼筹并顾，以为保卫大武汉之主要设施。"期间，为了加强武汉防御工事建设，1936年1月，国民政府军事委员会

54

图6.日军占领岱
家山碉楼

图7.张公堤明碉

委员长蒋介石曾电令武汉城防整理委员会主任委员（抗战时任武汉卫戍总司令）陈诚："武汉要塞工程应从速着手，星夜赶筑，务限本年4月底完成。"

作为从东北方向进入汉口的必经之地，张公堤与其附近的岱家山形成武汉外围最后一道防线，也是构筑工事最多、最密集的防御带。1933年，汉口警备区就在岱家山构筑了一座主碉楼，随后，又以张公堤为依托建立了由地道相连的明碉暗堡交叉火力防御体系。

在武汉会战实施过程中，由于武汉近郊多为湖沼港汉，核心防御因限于地形，毫无纵深，无险可守，不宜于大兵团的城市保卫战，加之连月作战，部队伤亡极大，且相当疲惫，需要补充休整，最终，中国最高统帅部主动退出武汉。因此，武汉城区及附近战斗较少，工事发挥应有作用的也就更少。不过，张公堤、岱家山防御体系就是其中之一，驻防于此的国民革命军第九十四军一八五师五四五旅所属部队面对日军的疯狂进攻，进行了拼死抗击。据武汉地方志办公室主持编纂、武汉出版社于2007年底出版的《武汉抗战史料》一书记载："10月25日上午7时许，敌开始以飞机、大炮向我戴家山、谌家矶等处更番猛烈轰击，间且使用毒弹，以致阵地多被摧毁，人员损伤甚多。"对于这一次战斗，日方当时也进行了详细记录，1938年11月，东京国际情报社印刷发行的《世界画报》就登载了一幅相关图片，说明为："十月二十五日，占领汉口敌的要塞蓬字守望台，唱凯歌的部队。"

汽车沿着张公堤而行，一座座静静躺在草丛树下的明碉暗堡不时进入我们的视线，考察组初步统计了一下，堤坝上共有6座明碉，1座暗堡。形制结构基本相同，应为当时的一种制式。明碉为椭圆形柱体，高2~4米，长轴直径11.3米，短轴直径5米，底部采用砖混砌筑，顶部采用钢筋混凝土浇筑，墙体四周分设机步枪射击孔。暗堡体量较小，高1.2米左右，采用钢筋水泥浇注而成，非常坚固。

走到张公堤的尽头，就到了岱家山，岱家山其实算不上一座山，勉强可以称为一座孤立的小高地，上面民房密布。当年的核心工事——主碉楼，已在一年前，因武汉城市三环线高架桥建设被拆除，仅孤存一座暗堡。据已有资料显示，主碉楼体量较大，砖混结构，共4层，建筑面积200余平方米，可供数十人作战使用，正面一块条石构件上"警备汉口区蓬字守望台"、"民国二十二年夏建"几个大字还清晰可辨。

痛哉！又是一起文物保护与基本建设的矛盾！但愿，此类见证日军侵华罪行的实物例证，再不要因我们有些部门的"无知"而消失，令"亲者痛，仇者快"。

图8.张公堤暗堡

图9.岱家山主碉楼

2010年4月1日　多云转阴
湖北省图书馆——武汉大学

同仇敌忾

　　图10.国民政府军事委员会旧址

今天的目的很明确，主要考察武汉作为当时军事大本营见证的重要机构旧址及领导人旧居。第一站为国民政府军事委员会旧址，第二站为中国国民党临时全国代表大会旧址、蒋介石旧居、周恩来旧居、军官训练团旧址的集中所在地——武汉大学。

（一）

国民政府军事委员会旧址所在地湖北省图书馆昨天已路过，为避免再次出现因下班不能进入的尴尬，吃过早饭，考察组便直接赶了过去。

湖北省图书馆位于武汉市武昌区阅马场，地处蛇山南麓。是我国最早的省级公共图书馆之一。始设于1904年，由湖北巡抚端方倡议，武昌知府梁鼎芬创办。原址在武昌兰陵街，后迁至博文书院。1935年10月，由湖北省政府在此奠基建设新馆，1936年建成，1937年10月投入使用。1938年3月，让予国民政府军事委员会作办公处所。随后，全馆西迁恩施，抗战结束后，1946年迁回现址。原有的主体大楼今为特藏部。

旧址由缪恩钊、沈中清设计，袁瑞泰营造厂施工，地上两层，地下一层，钢筋混凝土结构。采用中国古典建筑式样，主体建筑为对称布局，中部三开间凸出主楼，单檐歇山绿琉璃瓦顶，下施斗拱。前廊有4根通贯2层的圆檐柱，外墙假麻石饰面。楼后部，沿山体设有防空洞。2002年，以"湖北省立图书馆旧址"为主体由湖北省人民政府公布为省级文物保护单位。

由于刚上班，来图书馆的读者还不是很多，整个院子很静谧。我们要考察的国民政府军事委员会旧址，现在的特藏部，与大门正对，前面是开阔的广场，虽然包围在后期而建的现代图书馆建筑之下，然气势不减，绿琉璃大屋顶昭然显示着它在这组建筑群中的显赫地位。入口处悬挂有"湖北省省立图书馆旧址"、"湖北省文物保护单位"、"国家古籍重点保护单位"、"湖北省古籍保护中心"等保护标志牌，历史文化底蕴之深厚可见一斑。

拾阶而上，轻轻推门而入。大厅内还没有读者，只有一位年长的工作人员正在做清洁。向其表明来意后，他立即以武汉人特有的热情，停下手中活，请我们就坐。然后，将自己对这所大楼所有的了解全盘托出，并带我们参观了当年大楼建成碑。

抗战爆发前，武汉已是区域军事中心。1937年12月5日，肩负全部国防责任、拥有对海陆空军的最高指挥权、指导全国民众抗战的重要机构——国民政府军事委员会迁汉，7日军事委员会委员长蒋介石抵达，武汉真正成了指挥全国抗日作战的军事大本营。这里也就成为全国抗战的真正的中枢。可以想象到，当年高级将领不断地从此鱼贯而入，领受作战计划，并从此奔赴一线率部浴血疆场。

楼内的布局基本没有变化,大厅顶篷依旧为原有的藻井式膏胎彩绘天花装饰,墙裙、楼梯和地面也都还保留着原始的彩色水磨石面。由于地处山洼小环境范围,空气湿度大,前些年,后厢房屋顶腐烂,加上白蚁侵蚀,整体结构险情严重。2006年,在国家文物局和省文物局的大力支持下,得以维修加固。

(二)

出了湖北省图书馆,我们直接赶赴第二个目的地——武汉大学。

武汉大学系湖广总督张之洞所创自强学堂,1928年改为国立武汉大学。由著名科学家、教育家李四光选址、规划、筹资,美国著名建筑设计师凯尔斯(F.H.Kales)、结构设计师莱文斯比尔(A.Levenspiel)、萨克瑟(R.Sachse)主持设计,聘请缪恩钊工程师负责监造,由汉协盛、袁瑞泰、上海六合、永茂隆等营造厂分别中标承建。1929年3月动工,1936年全部竣工。整个校园围绕珞珈山、狮子山等10余座山丘布局,东、北、西三面环水,滨临东湖西南岸,景色极佳。

主要建筑有文、法、理、工、农等5个学院大楼和图书馆、体育馆、华中水工试验所、学生宿舍、饭厅、俱乐部、18栋教授住宅楼、牌楼、水塔等。整体布局在3条南北轴线与2条东西轴线相交汇的轴线网络上,形成以图书馆、理学院、工学院为主体的三个建筑团组。3条南北轴线为:中心花园(小操场)至图书馆;理学院至工学院和水工试验所;理学二院至大礼堂(现为人文科学馆)和办公厅(现为电信学院楼)。2条东西轴线为:学生俱乐部至图书馆和理学院;体育馆至中心花园和大操场、大礼堂。该建筑既遵循了"轴线对称、主从有序、中央殿堂、四隅崇楼"的中国传统建筑原则,又引用了西方罗马式、拜占庭式建筑式样,达到了整体建筑美与单体建筑美的完美结合,建筑与自然环境的有机融合,堪称中国早期大学建筑的佳作和典范。2001年,武汉大学早期建筑由国务院公布为第五批全国重点文物保护单位。

1938年4月,武汉大学西迁后,国民政府军事委员会设军官训练团的团部于校内,操场为当时的训练场,珞珈山的18栋教授别墅,成为训练团的官邸,住户包括周恩来夫妇、郭沫若夫妇等。

沿着东湖环路,我们从北门进入了武汉大学,由于时间紧迫,考察组无暇顾及校园美景,直奔目的地。车子穿过林荫大道,在一栋老式体育馆前停下,这就是当年中国国民党临时全国代表大会召开的地方——武汉大学体育馆。建筑坐落在狮子山西部南坡。系黎元洪之子将其先父保管的辛亥革命志士筹建江汉大学的捐款移赠而建,因此,又称"宋卿体育馆",建成于1936年,是一座典型的"中西合璧"式建筑,长约35米,宽约21米,采用当时先进的三铰拱钢架结构,三重檐歇山绿琉璃瓦顶。

图11.中国国民党
  临时全国代表
  大会旧址历史
  照
图12.中国国民党
  临时全国代表
  大会旧址现状
  照

中国国民党临时全国代表大会召开于1938年3月29日至4月1日，中心议题是讨论党务问题及施政方针。会议通过了《抗战建国纲领》等议案。为了加强国民党在抗战时期的统治地位，会议推选蒋介石为国民党总裁。决定结束国防参议会，成立国民参政会，为战时最高民意机关。此次会议是当时全国政治生活中最大的事情之一，"兴奋了全中国人民，特别是被占领区域人民争取持久抗战胜利的信心，增强了保卫武汉与三期抗战的力量"。后来，国民党五届四中全会亦在此召开，中心议题是贯彻"临时代表大会"精神，实施抗战建国方案。

随后，我们在校园内相继考察了蒋介石、周恩来和郭沫若等人的旧居。蒋介石旧居，俗称"半山庐"，原为武汉大学单身教授宿舍，地处珞珈山北麓山腰，为二层砖木结构住宅建筑。平面呈对称布局，居中设主入口，中部两侧前凸，设有外廊，外墙为清水灰砖墙，青瓦坡屋顶。全面抗日战争爆发后，蒋介石自任陆海

60

图13.半山庐历史照

图14.半山庐现状照

图15.周恩来旧居

空军大元帅,统率国民革命军在正面战场抗击日军进攻。在汉期间一直居住于此。距当时住在附近的查全性回忆,"我几次看到蒋介石和宋美龄在校园里散步哩"。

周恩来旧居,位于武汉大学内珞珈山东南麓的一区27号,为一幢仿西式两单元三层楼房,坐北朝南,砖木结构,属武汉大学教授公寓。当年周恩来住的二楼共有三间,一间为客厅,一间卧室兼办公室,另一小间为警卫室。

第二次国共合作实现以后,为了继续推进两党合作,巩固和发展抗日民族统一战线,1937年12月,中央政治局决定由周恩来等人组成中共中央代表团,到武汉开展抗日民族统一战线工作,推动全民全面抗战的实现。1938年4月,周恩来和邓颖超由汉口迁居于此,并在这里先后接见了郭沫若等文化界知名人士,会见了斯诺等国际友人。

郭沫若旧居,与周恩来旧居上下相望,建筑形制结构基本相同。郭沫若在回忆中说:"周公和邓大姐也住到靠近山顶的一栋,在我们的直上一层,上去的路正打从我们的书房窗下经过。" 从1938年4月至8月,尽管郭沫若在武汉大学仅仅住了4个月,但对这座住所,郭沫若的印象非常深刻,甚至超出他后来在北京居住多年的原恭王府,以及他在四川乐山出生成长的沙湾老屋。他说:"有这样的湖景,有这样的好邻居,我生平寄迹的地方不少,总要以这儿为最接近理想了。"因此,他也把武汉大学称赞为武汉三镇的"世外桃源"。

郭沫若旧址旁边是黄琪翔旧居,当年"站在月台上两家便可以搭话。"

目前,这些抗战建筑大部分已经过维修,只有周恩来旧居还显得较凄凉:因住户使用的需要,后期添加现象严重,破坏了文物的整体风貌;由于年久失修,建筑墙体局部开裂,屋面大面积破损。好在维修方案已获得国家文物局批复,近期可以实施保护修缮工程。

在几栋建筑前,我们意外地发现一个不锈钢制GPS标识。据陪同的同志讲,这是配合文物"四有(有保护范围、有保护标志、有保护机构、有记录档案)"工作建设,由武汉大学早期建筑保护管理委员会和国家GPS工程技术研究中心于2004年共同埋设的一个信息点,这意味着武汉大学所有的历史建筑保护都已实现了电子信息化管理。

走出校园时,不时看到即将毕业的莘莘学子在校园各个标志物前摆着"pose"拍毕业照的盛况,他们的笑容很是灿烂。没有了战乱,学子再也不用像当年一样"颠沛流离"。

图16.周恩来夫妇与斯诺在旧居前

图17.维修中的郭沫若旧居

2010年4月2日　阴天

昙华林—胜利街—长春街

中流砥柱

图18.国民政府政治部第三厅旧址

当国民政府的迁都行动正式启动后，中国共产党也把抗日统一战线的重心放在了武汉，在筹建了八路军武汉办事处、组建了新四军后，1937年底，正式组建中共中央长江局，统一领导南方各省党的工作。至此，湖北的抗日民族统一战线局面全面形成。

按照行程安排，今天主要任务是考察中国共产党在武汉的抗战遗存。第一站是昙华林政治部第三厅旧址，第二站是位于汉口胜利街的八路军驻武汉办事处，最后一站是新四军军部旧址。

（一）

由于离住地较近，且司机对周边路况较熟，不大一会车子就进入了昙华林小巷深处的国民政府政治部第三厅旧址所在地——武汉市十四中学。

昙华林是武汉著名的历史街区，位于老武昌城东北部，地处花园山和螃蟹岬之间，呈东西走向。1946年，地方当局将戈甲营出口以西的正卫街、游家巷与戈甲营出口以东的昙华林合并，统称为昙华林，并沿袭至今。在东起中山路，西至得胜桥，1 000多米的狭长地带，集中了教堂、医院、学校、民居、公寓、领事馆等数十处历史建筑，形制、风格、色调各异，其外形和本身所蕴涵的历史文化信息，堪称一部武昌城邑百年文明史。武汉市十四中学校园原为湖广总督林则徐兴建的丰备仓，1903-1907年间，张之洞在此先后开办公立小学和中学堂，1912年改为省立第一中学。1938年，这里初为国民政府政治部所在地，后由于交通不便等原因，转给新成立的"第三厅"作办公场所。从正式组建到10月底撤离武汉，"第三厅"一直驻于此，是第二次国共两党合作抗战御敌的重要历史见证。

由于正是上课时间，校园里显得很安静。在门卫的指引下，我们顺利找到了当年领导轰轰烈烈抗战文艺宣传的国民政府政治部第三厅旧址。当年的建筑大部分都不存在了，只有郭沫若居住和办公的一栋二层小楼保留了下来，且被两栋现代楼房所包夹，显得有些沧桑。该建筑从风格上分析应非清末学堂，可能为民国初年的教育建筑。整个建筑东西向布局，平面呈长方形，为前廊侧梯式，砖木结构，占地面积约200平方米，内辟有陈列室。右侧立有郭沫若半身塑像及"'三厅'旧址记"碑。

第三厅是抗战初期国民政府在武汉建立的一个主管宣传工作的机构，是围绕"保卫大武汉计划"和实施声势浩大的各种抗日救亡运动以及抗日文化运动的重要组织。由政治部副部长周恩来直接领导，郭沫若任厅长。不过，郭沫若和文化界许多进步人士，最初都不愿意到该机构工作。据时任第三厅主任秘书的阳翰笙回忆："开始，大家都不愿意去三厅，但周恩来告诫我们，到第三厅去，不是去当官，而是去工作，去斗争，是一种非常尖锐复杂的斗争，我们还是去了。"三

图19.周恩来、郭
沫若等人在
"三厅"前合
影

图20.昙华林历史
街区

厅工作人员大部分都是文化名流。最盛时有2000多人，聚集的名流不下百人，有"名流内阁"之誉。三个处长中胡愈之主管一般宣传工作，田汉主管艺术宣传，范寿康主管对外和对敌宣传。洪深是六处第一科科长，负责戏剧音乐宣传。冯乃超是七处第三科科长，负责对日文件起草，协助鹿地亘的"在华日本人民反战同盟"。七处第二科科长董维健是留美博士，第一科科长杜国庠是日本京都大学学士，冯乃超是毕业于日本京都帝国大学的高才生。还有金山、赵丹、冼星海、郑君里、张乐平、李可染、叶浅予、傅抱石、张曙等。

1938年4月1日，第三厅正式成立，将在各地活动的10余个抗敌救亡演剧队和3个电影放映队、1个漫画宣传队、1个孩子剧团置于其领导下，进行各项抗战宣传工作。

在周恩来和郭沫若的指导和领导下，第三厅根据中共"抗日救国十大纲领"组织开展宣传工作，利用文字、戏剧、电影、绘画、木刻等形式不遗余力地开展了盛况空前、卓有成效的抗日宣传和动员民众工作，团结了各民主党派、人民团体一致抗日，出色地发挥了宣传群众、组织群众的作用，极大地推动了抗日救亡运动的发展，被誉为中国共产党在国统区建立抗日民族统一战线的一个坚强战斗堡垒。武汉沦陷后，第三厅先后迁往长沙、桂林、重庆。

从武汉市十四中出来，顺路看了几处昙华林的老建筑，走在整修过的大道上，不管是经过维修的历史建筑，还是经过立面整治的新建筑与新铺筑的石板路，都能给人一种和谐感，与历史、现代、文物保护、遗产开发利用相融合之感。

途中听说，在周恩来领导下，著名作家老舍发起并筹建的中华全国文艺界抗敌协会旧址还完整存在，可惜行程太紧无法前往。现根据有关资料，将基本信息整理如下：

"旧址"原为武汉市商会大楼，位于汉口中山大道，建成于1921年，是一栋

图21.中华全国文艺界抗敌协会旧址

现代风格的古典主义四层砖混结构楼房，平面呈矩形，中段向外凸出，设主入口，两侧饰有通贯一、二层的爱奥尼式立柱。

中华全国文艺界抗敌协会是文艺界的抗日民族统一战线组织。1938年3月27日，在此举行成立大会，通过了《告世界文艺家书》《致日本被迫害作家书》《向抗敌将士致敬书》《宣言》和《简章》，推举郭沫若、矛盾、老舍、巴金等45人为理事。

该旧址作为当时重要公共活动场所，前文所述的爱国将领郝梦龄、刘家麒追悼会即在此举行。另，1938年1月23日，国际反侵略大会中国分会亦在此举行成立大会。

（二）

从昙华林出来，转了几个弯道后，汽车驶入了一条长长的隧道。司机师傅说，这就是我国在万里长江上修建的第一条隧道——武汉过江隧道，2008年底正式通车。该隧道是目前我国地质条件最复杂、工程技术含量最高、施工难度最大的江底隧道工程。总投资约20亿元，车道净高4.5米，设计车速每小时50公里，机动车过隧道只需7分钟，设计机动车日通行量5万辆，极大地加强了武昌与汉口的联系，在一定程度上舒缓了武汉城市交通压力。"于长江边第一转弯处，穿一隧道过江底，以联结两岸。"一百年前孙中山先生的宏伟蓝图，如今终于付诸现实了。

汽车穿行在汉口租界区内，一栋栋优秀历史建筑从身边滑过。忽然间，车停在了一个十字路口，原来当年的八路军驻武汉办事处到了。

66

图22.八路军武
汉办事处历
史照
图23.八路军武汉
办事处现状
照

旧址是一栋日式楼房，主体4层，局部3层。坐西朝东，建筑面积2 390平方米。原为日商大石洋行，一楼为商行，二至四楼为高级公寓。抗战初作为逆产被国民政府没收。1944年，美机轰炸日租界时被毁。1978年在原址按原貌重修。1979年辟为纪念馆。1982年，由湖北省人民政府公布为省级文物保护单位。

八路军武汉办事处是抗日战争时期中国共产党为发动群众、开展抗日救亡运动设立在国统区的一个公开派出机构。根据国共两党达成的协议，1937年9月上旬，董必武以中共中央代表、长江沿岸委员会委员的身份开始筹建，10月下旬于汉口安仁里2号正式成立，由李涛任处长。11月中旬，日军侵占上海，南京危急，南京八路军办事处工作人员撤退至武汉。经请示中共中央同意，12月中旬，董必武、叶剑英将两个机构合并，统称八路军武汉办事处，由钱之光任处长。由于办公场地不足，经与国民党当地政府交涉，于同月下旬迁至此。同时，中共中央长江局机关亦秘密设立此。1937年底至1938年10月，周恩来、董必武、秦邦宪（博古）、叶剑英、邓颖超、陈绍禹（王明）等在这里领导长江局和八路军武汉办事处开展抗日宣传，巩固和发展抗日民族统一战线，为八路军和新四军筹备粮饷及军需物资，并组织爱国青年赴延安和抗日前线。

据钱之光介绍，当时的办事处共有好几处房产，是由总务科长齐光与汉口市长徐会之接洽后批给的。包括当时的大石洋行和对门的90号(原西药房)、路东的120号(原俱乐部)。大石洋行作为办公地点，90号用做招待所，120号实际上是干部训练班。后又以新四军办事处名义，获得了成忠街53号，用做干部宿舍。原八路军驻武汉办事处安仁里的房子，也继续留用。只可惜原来的房子大多不存。

眼前的"八办"，方方正正，与欧式建筑相比，没有过多的装饰物，显得有些单调。不过，真正深入其内部，才发现了它的布局特点。合院式的外高楼，内天井中庭，既保证了良好的采光，亦是对土地面积的充分利用。室内很宽敞、净空很高，廊道极宽，自然通风效果极佳，完全是为适应武汉夏季闷热的气候而设计的。

从这里出来，不远处就是汉口新四军军部旧址，考察结束后（考察情况见下文），我们有幸去探访了早期"八办"驻地——安仁里2号。

图24：早期八路军武汉办事处旧址

由于在居民区深处，在街头，我们问了好多路人，都没能找到确切地址。最后一位抱小孩的"阮爹爹"，听到我们的意图，很热情地称，他可以带我们去。跟着"阮爹爹"，"七扭八歪"，终于看到了当年董必武创办的"八办"和他的旧居。两栋房子紧挨着。形制结构完全相同，是武汉地区20世纪初标准的石库门建筑，面积约500平方米。

"八办"的成立为统一战线在湖北的开展提供了一个公开合法的场所和基地。在这里，董必武利用合法身份，通过接待机会，一方面广交朋友，另一方面向来访者宣传中国共产党的抗战主张及国共合作、团结抗战的意义，为中国共产党同国民党军政当局和各界人士建立了广泛联系，先后为高敬亭、傅秋涛等部争取到了一定数量的军饷和服装，为其实现改编和迅速开赴前线抗日创造了有利条件。

（三）

出了八路军武汉办事处旧址，很快便来到了胜利街与卢沟桥路交汇处的汉口新四军军部旧址。

旧址地处原日本在汉口租界内，始建于1898年，为日本人在汉口设立的日华制油会社办公楼。抗日战争爆发后，日本侨民回国，被作为逆产没收。占地面积约700平方米，建筑面积约1 000平方米。由两栋并列的西式砖木结构二层楼房组成，梁柱式屋架结构，红瓦坡屋顶，前面有围墙围合。该建筑为错层式住宅建筑，

图25.新四军军
　部旧址历史
　照

图26.新四军军
　部旧址现
　状照

外墙刻有简单的西式雕花,并饰有线脚,"凹"字形入口。

　　抗日战争爆发后,国共两党在民族危机关头实现了第二次合作,双方经过协商决定,将土地革命战争时期中国共产党分散在南方8个省10多个地区的红军和游击队集中改编为国民革命军的一个军。此间,从海外归来参加抗战的北伐名将叶挺向蒋介石表示愿意领导这个军,并建议采用"国民革命军陆军新编第四军"作为番号，以便继承和发扬北伐第四军的"铁军"的光荣传统。1937年9月28日，在征得中国共产党同意的情况下，国民政府军事委员会铨叙厅发出通知，任命叶挺为新编第四军军长。10月12日，江西省主席熊式辉转发蒋介石电：将鄂皖边区高敬亭部、湘鄂赣边区傅秋涛部、粤赣边区项英

图27：叶挺办公室复原陈列

部、浙闽边区刘英部、闽西边区张鼎丞部等红军和游击队，"统交国民革命军新编第四军军长叶挺编遣调用"。后来这一天被定为新四军建军节。

10月21日，在"叶（挺）声明完全接受党的领导"后，中共中央亦同意叶挺出任军长，随后于当月30日，确定项英为新四军副军长，并于11月初，邀请叶挺到延安，商定新四军隶属关系及编制情况，同时决定"军（部）暂驻武汉，南昌、福州设办事处"。11月13日，叶挺正式以新四军军长身份对外活动。在与蒋介石就新四军的编制问题达成协议后，当月下旬，新四军军部正式在此设立，并于12月25日举行了新四军军部第一次会议，这就标志着新四军军部的正式诞生。1938年1月初，国民政府军事委员会核定了新四军编制、薪饷及干部配备，并委令项英为副军长。全军共计1.03万余人，6 200余支枪。编四个支队，第一支队司令员陈毅，第二支队司令员张鼎丞，第三支队司令员张云逸，第四支队司令员高敬亭。"每月发给经费一万五千元，及军部经费等，每月共计一万六千元""拨遣费，准发给三万元""开拔费准发一万元"。此后军部迁往南昌，当月28日《新华日报》刊发了《陆军新编第四军司令部启事》"本军奉命即行整编出发，军部当即遗驻南昌。前汉口大和街 26号军部，即行结束"，新四军军部在武汉组建的历史使命圆满完成。虽然新四军军部在武汉的时间不长，但在改编南方各游击区的部队方面做了大量的工作。2002年，旧址由湖北省人民政府公布为省级文物保护单位。

由于史料不全，研究力度不足，该建筑一度被人们所遗忘，作为居民楼使用。在各方的关注和重视下，2006年武汉市人民政府拨专款，对旧址内住户进行了搬迁安置，拆除了旧址上后期违章搭建和改建的附属设施，按原貌对房屋进行了一次彻底的维修，并将其辟为纪念馆，于当年12月25日正式对外开放。内设复原陈列及汉口新四军军部历史陈列展。

考察结束了。晚上坐在吉庆街，闲谈中，啃一根精武鸭脖，喝一杯扎啤，听一曲地道的花鼓戏，这也许是一天中最惬意的时刻。

2010年4月3日　小雨转多云

解放公园—鄱阳街—中山公园

得道者多助

图28.苏联空军志
愿队烈士墓

1938年，世界反法西斯战线还未形成，但中国的抗日战争是正义的反侵略战争，"得道者多助"，从一开始就得到了世界各国爱好和平人士的同情与支持，数以万计的国际友人来到中国，支持中国。他们或置身于火线，与中国军民并肩作战、共同打击日军；或担任军事指挥、军事顾问，加强中国军队对敌作战能力；或冒着炮火，亲临前线抢救伤员；或利用手中的笔，在国际上宣传抗战，为中国人民伸张正义。在武汉抗战中，他们更是发挥积极的作用，鲁兹、史沫特莱、库里申科、拉赫曼诺夫等是其中的优秀代表。今天的考察就主要围绕他们展开。

（一）

虽然已经是考察的第四天了，每个人都略显疲惫，但一想到要考察的建筑为国际友人遗存，由于这类建筑数量相对较少，大家还是很激动，并且连夜上网搜集了一些相关资料，以期通过考察获得建筑背后更加丰富的信息。还是像往日一样，吃过早餐，准备相机、检查记录本、上车、出发。由于所考察地方距住地较远，一上车，大家都先梦起了"周公"，"养精蓄锐"。不知不觉中，考察的第一站到了。解放公园是免费开放的，所以按图索骥，一行悠然间便访寻到了"苏联空军烈士墓"。

该墓为长方形，用花岗石砌成，长32米，宽6.5米，高3米，正中嵌有15块石碑，分别以中、俄两种文字刻烈士姓名及生卒年月，左右两侧另有中、俄文纪事碑。墓前立纪念碑，方尖式，由基座和碑身两部分组成，高8米，基长1.7米。碑阳刻"苏联空军志愿队烈士墓"，碑阴刻"在中国人民抗日战争中牺牲的苏联空军志愿队烈士永垂不朽！"，碑身底部嵌汉白玉阳刻空军标志、花环等图案。墓周松柏成行，绿树成荫，在晨曦下显得肃穆、祥和。墓区广场和周边空地上，打羽毛球、跳健身舞、练太极拳、吊嗓子、唱京剧的市民沉浸在晨练的怡然、惬意之中。

全面抗战爆发后，为争夺上海、杭州、南京等地的制空权，中日双方展开了激烈的空战。在没有外援的情况下，中国空军经过三个月的英勇奋战，使日本空军受到重创。但中国空军为之更是付出了沉重的代价，至1937年10月22日，仅剩飞机81架，其中许多是战伤和故障待修的，基本上丧失了作战能力。

1937年8月21日，苏联政府和国民政府签订了《中苏互不侵犯条约》。之后，苏联政府派遣了以崔可夫将军为首的大批苏联军事专家组成的军事顾问团到中国，帮助作战。从1938年开始，苏联支援中国的轰炸机、驱逐机先后达1 000架，随同飞机而来的苏联航空志愿队员达2 000余名。苏联志愿空军同中国军民并肩作战，打击日本侵略者，为中国抗战立下了不朽的功勋。据不完全统计，苏联志愿航空队进行的主要空战有：1938年2月28日的武汉第一次空战，击落日机12架；

图29：苏联空军志
愿队烈士纪
念碑

1938年2月21日的远征台北；1938年2月24日的粤北空战；1938年4月10日的顺德空战；1938年4月13日的广州空战，击落日机8架；1938年4月29日武汉第二次空战，击落日机21架；1938年5月11日海南之战，击落日机2架，击沉日舰1艘，击伤2艘；1938年5月20日远征日本；1938年5月31日武汉第三次空战，击落日机14架；1938年6月16日第二次粤北空战，击落日机6架。被日本侵略者一度视为不可一世的"空中武士"、"四大天王"和木更津、佐世保等航空队都相继遭到毁灭性的打击。苏联志愿航空队在帮助中国打击日本侵略者的战斗中，有近200人献出了宝贵的生命，其中包括轰炸机大队长库里申科和战斗机大队长拉赫曼诺夫。

在武汉三次大的空战中，苏联志愿队与中国空军一起击落日机47架，100多名志愿队员英勇献身，其中15位安葬在原汉口万国公墓，包括轰炸机大队长库里申科。1951年武汉市人民政府在解放公园内建立纪念碑。1955年将墓迁至碑后。

考察中，恰好看到武汉市某高校的学生自带工具，为烈士扫墓。甚慰！愿中俄友谊永存。

（二）

从解放公园出来，我们直接赶赴鄱阳街32号史沫特莱旧居。又是由于停车不便的问题，我们只好在附近的詹天佑故居下车，步行前往。

不大一会，陪同人员告知，目的地到了，这时出现在大家面前的是一栋明显带有20世纪初西式建筑风格的二层小楼，与詹天佑故居略相仿，造型很简单，

图30.史沫特莱旧居

横平竖直的长方体布局，砖木混合砌筑而成，条石基础，深灰色清水外墙，上下以三道深红色的砖线间隔，显得色调简洁、明快。长方形木窗，窗框顶上用红砖砌成假拱券。红瓦坡屋顶，设有老虎窗和烟道。大门设于偏右侧，门框略施装饰，但似不为原状。整个建筑在周边高楼的衬托下并不起眼。

　　史沫特莱(Agnes Smedley,1892-1950年)，美国人，新闻工作者，同情和支持中国人民的解放事业。1929年初，她通过一位德国共产党人的介绍，以《法兰克福日报》记者身份途经苏联来到中国。1938年，她再次来华，采访中国抗日战争，在汉期间居住于此达4月之久。此间，她与美国大使、南斯拉夫卫生专家等人商谈筹办中国红十字救助总队。此后，她便在中国红十字会军医部展开工作。她还说服日内瓦国际红十字会供应中国军队部分急需药品。为解决中国军医缺乏问题，史沫特莱积极号召外国医务志愿者来中国，著名加拿大医生诺尔曼·白求恩与理查德·布朗、印度著名外科医生柯棣华等受到她的影响来到中国参与支援。作为中国人民的朋友，她逝世后，骨灰安葬于北京八宝山革命公墓，朱德亲题："中国人民之友美国革命作家艾格妮丝·史沫特莱女士之墓"。

　　由于周边正在进行建设施工，院子显得有些杂乱，楼内的值班人员介绍说，该楼曾一度作为某机关办公场所，为了使用功能的需要，除了楼房外貌，建筑内部已被改建，旧有的装修已无存，仅楼梯走向和壁炉还略保留原貌。于是我们也就没有要求走进去。但他却告诉了我们关于该建筑的另外一个背景，房子的主人实为当时汉口圣公会鄂湘区主教鲁兹的住宅，当时史沫特莱仅是借住于此。

鲁兹 (Bishop Roots, 1870~1945年)，中文名吴德施，美国人，清光绪三十年 (1904年) 至1938年在汉口传教，曾任汉口圣保罗教堂会长、圣公会鄂湘赣皖教区主教、中华圣公会教院主席。他同情和支持中国人民的反帝反封建斗争，并在抗战中坚决与中国人民站在一起。1938年2月，国内宗教组织举行反侵略运动宣传周宗教日，武汉基督徒在"鄱阳街32号"汉口圣公会圣保罗教堂举行为国难牺牲者祈祷仪式，他到会发表讲话，表示"愿与中华民族同受艰苦"，"并代表全体外侨信徒为抗战死难军民祈祷"。同年3月，在他的组织下，武汉基督教的各教会和团体联合组成了武汉基督教紧急时期委员会，由其任主席，全力协助政府办理救济、疏散难民，安排教会学校内迁等事宜。

鲁兹独具的社会身份、政治地位，使这幢楼房不仅成为革命人士的临时避难所，同时也成为众多的国际国内知名人物的往来居留地。除艾格妮丝·史沫特莱外，安娜·路易丝·斯特朗也是这儿的常客，她从美国到中国，由上海到汉口，然后转程去西安、延安，来往经过都要在这里住上一段时间。当年，白求恩大夫来到中国，在北上去延安及山西抗战前线之前，在这幢楼里也住了有半月之久。

吴德施主教一家人在这幢楼里生活了25年，家人受其影响，也非常支持中国革命。1938年初，他联合美国记者安娜·路易丝·斯特朗等人，向在汉西方友人征募的10.3万元的医疗器械及药品，便是由其长女弗朗西丝·鲁兹，率领一个国际代表团，开着大卡车，从汉口出发，送到山西太行山地区八路军总部的。

卢沟桥事变以后，国共两党抗战民族统一战线成立，在汉工作的周恩来、董必武、秦邦宪、叶剑英、邓颖超、王明等中共领导人也是吴家的常客。吴德施主教与周恩来曾经有过"生死之谊"，两人的交往，并不仅限于政治社会的交流，也包含了文化品味及性格爱好等方面彼此之间的相互赏识。1938年4月，被获准退休回国。周恩来、秦邦宪等在汉口八路军办事处屋顶花园设宴为吴德施主教一家饯行，席间合影留念。周恩来当场手书"兄弟阋于墙外御其侮"、"嘤嘤其鸣也，求其友声"两条幅相赠。

由于旧居较高的历史价值，史沫特莱旧居作为近现代重要史迹已于1992年由湖北省人民政府公布为省级文物保护单位。

（三）

考察完史沫特莱旧居，在路边一家小店随意将就了中餐后，大家又开始了本次武汉之行最后一站——国民政府第六战区"受降堂"的考察。旧址位于武汉市汉口解放大道中山公园内，我们很顺利便寻访到了。

汉口中山公园，是全国百家历史名园之一。始建于1910年，原名"西园"，为私人花园，占地仅有3余亩。1914年西园扩建至20多亩。北伐胜利后，1927年，汉

图31.孙中山夫妇
铜像

口市国民政府将西园收归国有，并确定建为"汉口第一公园"。1928年，为纪念
孙中山先生而更名为"中山公园"。并于1928年10月12日开工扩建。1929年6月
10日中山公园试开放。后屡有维修、扩建。

到了目的地，首先进入视线的是孙中山与宋庆龄的雕塑，该塑像为庆祝孙中
山先生诞辰143周年而作，以孙中山夫妇结婚时的合影为蓝本，高约7.3米，是迄
今国内唯一一座孙中山夫妇双人铜像。

受降堂位于孙中山铜像的左侧，建于1942年，初为大众会堂，后为纪念清末
湖广总督张之洞而改为"张公祠"。建筑为一座单层堂式建筑，砖木结构，歇山
青瓦顶，面阔七间长34米，进深三间12米，建筑面积约400平方米，正面明间、
稍间设木板门，正门上方悬"受降堂"匾，建筑正面接两山设有矮围墙，围墙边
建有花坛。内设有复原陈列和抗战史料展。旧址右侧立有受降纪念碑，为仿制碑
（原碑存受降堂内），碑立于二层大理石台基上，汉白玉玉石质，高1.8米，宽0.6
米，厚0.05米，正面草书阴刻"受降纪念碑"，背面阴刻草书"中华民国三十四年
九月十八日蔚如奉命接受日本第六方面军司令部冈部直三郎大将率属二十一万
签降如此""第六战区司令长官孙蔚如题"。四周围以边长八米的矮墙，间设石
方柱8根，应寓意8年抗战胜利结束。

1945年8月14日，日本政府宣布无条件投降，8月18日蒋介石下令，指定各战
区受降主管，任命孙蔚如为华中(武汉区)受降官，负责武汉、沙市、宜昌的日军第
六方面军、第三十四军的接收。8月25日，孙蔚如向日军第六方面军司令部发出备
忘录三件，令华中日军向国民党第六战区投降。时间选择在九一八事变14周年纪

图32.第六战区受
降堂旧址

图33.第六战区
受降纪念碑
园（殷力欣
摄）

念日，1945年9月18日。当日，下午3时，武汉区受降人员第六战区司令长官部和湖北省党政军首脑孙蔚如、邵华、王东原等88位国民政府军政要员首先进入受降堂就位，后日军第六方面军司令冈部直三郎大将在参谋长中山真武少将等四人陪同下，由第六战区长官部副官处长蒋虎志引导入场，受降仪式由孙蔚如主持。在仪式上，孙蔚如亲自将第六战区司令长官部《第六战区作战命甲第一号命令》交给冈部直三郎在文件上"签字受领"，冈部直三郎在命令上签字后，解下指挥刀双手递给孙的副官，随即日方退场，后中方人员在热烈的掌声中退席，整个过程约10分钟左右。按照受降命令要求，9月22日，冈部直三郎命令其所属部队向第六战区军队缴械投降，并将命令副本及下属部队番号、兵力部署等有关详细资料递交第六战区司令长官部。随后，日军第六方面军所属各部共21.3万余名官兵开始向驻地附近的中国军队投降。至10月14日，第六战区的受降工作全部结束。湖北军民经过艰苦抗战，终于赢得了最后的胜利。

图34：日军受降人员进入场

受降结束后，受降堂成为了民众瞻仰的热点。汉口市政府顺应民意，在旧址上树受降堂匾，立受降碑，该处一时成为"华中胜景"。作为当年全国15处地方受降地点留存不多的纪念性建筑，2002年，第六战区受降堂旧址由湖北省人民政府公布为省级文物保护单位。

虽历60多年的风雨侵蚀，但受降堂风貌依旧，还像一位历史老人一样，在向后来者诉说着中国人民不怕牺牲的斗争精神和日本帝国主义在中国人民不屈抗争下惨淡收场的反和平闹剧。

结　语

在各级政府和社会各界的关心与支持下，大多数武汉抗战遗存得到了较好的保护，通过设立纪念馆等"合理利用"形式，不断发挥其在社会主义精神文明建设中的积极作用。但随着岁月的流逝和武汉城市建设大踏步推进，武汉抗战遗存正在经历着使用功能改变后建筑存在形式的变化：一些遗存已难寻其踪，一些遗存在社会经济的发展大潮下荡然无存，一些遗存因使用者的主观意愿已面目全非，一些遗存因年久失修已残破不堪，还有一些遗存在高楼大厦的淹没下已难见其历史风貌。这些情况，亟需引起我们的重视。在此背景下，第三次全国文物普查的实施为武汉抗战遗存的保护带来了一次宝贵机遇，不仅使得一大批重要遗存得以被发现，并列入文物范畴，同时为正确评估其价值，通过公布文物保护单位、纳入法律保护范畴提供了保障。衷心希望通过文物普查，武汉抗战的家底能被完全摸清，通过编制一个专项规划将其保护与利用工作纳入武汉城市社会发展规划和"8+1武汉城市圈"总体规划，让其像辛亥首义遗存一样进入大众的视野，真正成为一个独立的文化遗产品类。

重庆抗战建筑遗存考察纪略

舒莺

引子

　　1937年11月20日，南京国民政府发布《国民政府移驻重庆宣言》，地处西南一隅的山城重庆代替南京成为中国战时首都，历时8年零5个半月，直到1946年5月5日还都南京。在此期间，国民政府于1940年9月6日颁布《国民政府令》明定重庆作为永久陪都，直到1949年11月30日人民解放军解放重庆，陪都地位方告终止。

　　抗战8年，重庆既是大后方又是政治中心、军事指挥中心、经济中心、文化中心，1942年后进一步成为国际反法西斯战争的远东战区指挥中心，五大中心集于一城，短短几年中重庆为中国和世界所发挥的作用和做出的贡献是其他城市难以比肩的。这座经历了几千年历史的巴渝古城，以抗战的悲壮与惨烈书写了城市近代发展史上最为辉煌的一页，其深远影响超过了任何时代，长存青史。

　　一寸山河一寸血，抗战8年的艰苦时光磨砺了这座以山为骨骼、江为魂魄的血性之城，不屈不挠的重庆精神成为中国人意志与决心的象征。"抗战陪都文化"的精神融于山城文脉之中，更在无数迄今犹在的抗战陪都建筑遗迹中浩气长存。

　　抗战期间随着国民政府西迁，大批优秀的建筑师、技术人员迁至重庆，他们从事陪都建设，也开展建筑技术教育，揭开了重庆现代城市建设的新篇章。8年时间，留下了大批具有时代特色与独特风格的抗战陪都建筑，国民政府办公楼、官员别墅、名人旧居相继而建，抗战胜利纪功碑、国民政府军事委员会大礼堂、中苏文化协会旧址、国民政府行政院、抗建堂、蒋介石官邸旧居、跳伞塔、史迪威纪念馆、各国大使馆、中华全国文艺界抗敌协会等众多建筑密集地分布在城市的每个角落，并延伸至各个区县，分别记录和见证了山城特殊时期的风雨苍茫。

　　怀着对这座英雄之城的崇敬和对往昔国难当头时节全国人民团结一心、抗敌御侮的民族气节的追寻，我们从标志重庆古代英雄伟大历史的合川钓鱼城建筑遗址开始，到黄山抗战遗址结束，历时四日，紧锣密鼓，片刻无休，考察了重庆抗战时期从主城到区县代表性建筑遗存的情况，对目前重庆抗战建筑现状、维护和发展进行了直观了解。

2009年7月25日　（阴见晴）

合川—北碚—南岸

历史在时光长河中奔腾不息

重庆7月下旬已进入最酷热的时节，建筑文化考察组一行5人上午抵达重庆时迎接他们的竟是前日雨后意外难得的清凉。短暂的宾主寒暄之后，我加入到他们的行列之中，在关于重庆当下风物的介绍与远征军抗战历史的闲谈中沿着渝合高速公路驰往合川。

此行第一站选取合川钓鱼城作为出发点是殷力欣先生力主推荐的。其中深意，不言自明。合川距今已有4 000多年的历史，春秋时即为巴国别都，公元前314年，秦灭巴国，设垫江县，后世因之。《华阳国志·巴志》记载："巴人或治江州，或治垫江，或治阆中"，其中之垫江即为今之合川，为古渝州之北大门，扼重庆北部水陆交通之咽喉。合川古城青史留名之由为公元1259年南宋军民以少胜多，抗击蒙古大军，炮震蒙哥汗使其崩于温汤峡并坚守城池达36年的钓鱼城之役。是役，上帝之鞭折损城下，南宋得延其祚20余年，蒙古大军横扫亚欧的历史大局亦为之逆转，意欲转战非洲的铁骑雄狮终止征伐。弹丸之城竟以蝴蝶翅膀效应扇动了当时世界之风云，使得750年后我辈细循旧迹之时仍感叹不已。

钓鱼城坐落在合川城东面5公里的钓鱼山上，山形突兀，相对高度约300米。因山有巨石，传有巨神于此垂钓解百姓饥馑而得名钓鱼山。山下嘉陵江、渠江、涪江三江汇流，南、北、西三面环水，地势十分险要。城有山水之险，亦有交通之便，经水路及陆上道，可通达川渝各地。1242年，在两淮抗蒙战争中战绩颇著的余玠入蜀主政，在川采取了一系列政治、经济和军事措施，创建了冷兵器时代功效卓著的山城防御体系，于钓鱼山筑城抗拒蒙古军。张珏于1263年至合川，再修钓鱼城，凭险修筑二三丈高不等的城墙，蜿蜒16华里，据险而守，籍此铸就了千古一役钓鱼城之战的全胜。

图1.考察组踏访钓鱼城

图2.合川钓鱼城特别训练班纪念碑

我们一行驱车入合川城区已是中午时分，从阴霾中探出头的太阳开始卖弄威力，山城特有的"桑拿天"到这个时候更是闷热难当，朋友推荐的渔船泊在嘉陵江边，上有码头广场可远眺，新建长桥卧波，高楼倒影江中，水天之间显示出这座江边古城当下蓬勃生长的气息。

饱食完一顿重庆特有的江湖菜式酸菜、麻辣水煮鱼之后日头正盛，遂继续登车出发，奔钓鱼山而去。入得山中唯见沿途林木葱郁，花叶葳蕤，暑热立减。旋见高大木栅门立于道中，即知钓鱼城已在眼前。

购票进门，即入昔时固若金汤之城，停车广场外是一条修茸齐整的行道，径直向前方一路延伸，数间略带翘角飞檐的石制宋代古军营错立林间，原旧迹历经7个世纪的消磨早已化做古丘荒草，我们所见乃是1989年在旧址上恢复重建的仿古建筑，四通八达的道路倒是沿袭了昔日守军的安置，只是远看军营幽深静谧，近读牌匾方知原来军营早已变做山野大餐馆。

沿石板行道徐行，未及一刻钟，古道蜿蜒中残存的城墙即进入视野，二层城墙防线建筑风格迥异，内低外高，里秀而外刚，宋代与明清所砌杂合的青石护城墙垛子如今劈面看来只觉垒石俨然，齐整坚固，伫立墙头探身四顾时可见城墙外峭壁千仞，目光所及乃嘉陵滔滔，下临无地，兵家之壁立雄关赫然而显。

城下有极狭石阶暗道可通山下水道，与江中一字城墙相连以补充给养，暗道逼仄仅容一人侧身而过，稍平坦处设有石桌石凳，于缝隙处观测远处动态，山下任何动静皆纤毫毕现，"一夫当关，万夫莫开"之势当为此也。

复观步道，于城墙口之间稍宽处下置长条青石，细看方知乃炮座遗址。南宋晚期火炮威力已经大显，管制火炮较多运用于战争中，钓鱼城中有古代火药兵工厂九口锅遗址，火炮制造在当时已经小具规模。导致蒙哥汗的死因争议颇多，但最主流的答案是来自这要命的大炮，按清代《古今图书集成》中的说法：蒙哥在架设望楼窥视钓鱼城时遇到城内宋军的炮石轰击，为炮风所震，伤重不治，"班师至愁军山，病甚，次过金剑山温汤峡而殂"。

古城墙尽处右方为护国门，双砌石拱门上有重檐歇山的城门楼子，用料轻细，檐角起翘，典雅玲珑，南方古建筑之风宛然，"全蜀关键"悬刻门洞之上。钓鱼城中共有8道城门，护国门右倚峭壁左为悬崖，凭可灵活收置之木栈道出入，收则无路可上，自上而下易守难攻，为8道城门之最险处，故而从未被攻破过。护国门内墙下尚存几处宋代摩崖石刻，最为吸引人之处乃是民国二十二年（1943年）国民党中央陆军军官学校（即黄埔军校）第十期特别训练班师生题刻。蒋介石、张治中、何应钦、郭沫若、康泽等人题字，"坚苦卓绝"、"十年教训"、"明耻教战"，字字灼目。

军校特训班是国民党著名特务头子、蒋介石"十三太保"之一的康泽身家资本别动队之发端，军校特训班自抗战爆发后于民国二十七年 (1938年) 从湖北江陵迁至合川，民国三十四年 (1945年) 撤销。特训班设于合川时，以纯阳山白云观为总部，本部设在城内合川女子中学。随着岁月推移，旧城改造，当年的遗迹大多毁损改建，难窥旧貌，唯有眼前未曾风化的石刻碑记文字成为最完整的遗存。康泽《中央陆军军官学校训练班十周年纪念碑记》中详细记载，选择在钓鱼城举办十周年纪念旨在现场学习军民坚守抗蒙之精神，鼓励师生斗志，但碑记文字"维廿二年夏，乱贼败政行为辟，方致使国势日蹙，民不堪命，我委员长忍东夷侵边之辱，坚苦卓绝，躬帅各军……定安内攘外之策"，其中清晰表露了"安内攘外"的明确目的。

自碑刻尽处而上可见荷塘、良田，几疑为桃花源。沿平坦山路而行见护国寺，石雕四不像神兽驻守山门，"独钓中原"四柱三间三楼的石牌楼坊耸立门前，牌坊原物无存，为仿旧而制。寺门入口门楣有石刻砖雕花纹字画，檐下为彩色浮雕佛教人物故事。护国寺药师殿隔墙便是忠义祠，祠中供奉钓鱼城守将王坚、张珏及余玠、冉氏兄弟，旁有供奉争议性人物王立、熊耳夫人兄妹的贤良祠。

忠义祠始建于明代，占地4 000多平方米，清初毁于兵燹复建，是保存较为完好的古建筑群。采用对称式布局，沿中轴线设正厅、耳房、左右厢房，巨榕扶疏，石栏围绕，与城门、水军码头、皇城、官家水榭等亭台楼阁相呼应，脊件吻兽、勾头瓦子、斜撑雀替、形迹宛然，承袭宋式木构架建筑之风，与遍布其间的匾额楹联相衬，丰富多彩，秀雅多姿。

抗战期间特训班山上培训时曾借钓鱼城地形之利而将忠义祠充当过军营，天梯峭壁上凿刻的"忠勇坚贞"四个径尺石刻大字之训赫然入目。

就在这一年，铁蹄踏遍东南亚的日军已经严重危及国民政府输血线滇缅公路，抗战危机悬于一线，就连康泽的别动队组成的新二十八师、二十九师也被编入六十六军远征缅甸。谁也未曾料到，就是这一场被世人遗忘长达六十多年之久的远征异域之战，有力支援了盟军在其余战场的战斗，揭开了日军走向全面灭亡的序幕，最终粉碎了日欧封锁中国、侵占亚洲、会师中东、斩断通往地中海一切交通线，联合德意法西斯瓜分世界的阴谋。老成如罗斯福也不得不承认，没有中国人持久而顽强的抗战，二战的历史必将改写，世界的格局将是另外一副样子。

历史的转折总会发生在一些不期然的片段中。从钓鱼城固若金汤的宋代城池建筑到抗战时期特训的碑刻遗迹中，后来者可以深深触摸到历史滚烫的脉动。

对钓鱼城遗迹考察完毕到山下已是黄昏，原定前往的古城防御体系代表作涞滩瓮城，抗战著名爱国实业家、兴办民生轮船公司的卢作孚先生旧居及特训班总部遗址未及寻访，决定调整路线在回市区途中沿北碚考察直三保育院及

图3 原建狼牙山三壮士纪念碑(旧影)

图4.重庆保育院旧影

北碚梅花山张自忠墓。

北碚偏离重庆主城，以东阳镇为发轫，是因抗战而发展起来的小城。我在北碚读书，故而对此地较主城人稍稍了解更多，在自合川返回北碚、考察直三保育院的途中向北京考察组的成员们力荐前往东阳看看长期少有人迹的复旦大学旧址。

尽管明知直三保育院地处偏僻，崎岖难行，但实际路况还是出乎大家的意料，下高速路之后7座的商务车在路况极差的路面上颠簸不停，辗转于仅容一车通过的窄小山道，让几位北方老兄充分领略了一番山地城市驾车所需之过人技巧，耗时耗力到达主场保育院旧址时太阳已沉下1/3，所喜余辉满布，把整个保育院改成的小学映照出点亮堂感觉。

战时儿童保育会在北碚附近有4个直属保育院，位于合川土场镇的第三保育院在当时算是一个最偏僻的地方，极不引人注目。前总理李鹏之母赵君陶在1939年6月到1946年3月期间创建保育院并担任院长，照顾和抚养了800多名抗战时期无家可归的流浪儿。

自窄小的校门而入，迎面就是当年直三保育院场地所在。该处所为三面合围、面阔三间带耳房的开敞之所，为传统木构架建筑，保存完好，从周围的整洁程度来看目前依然在使用，屋檐下斜撑、梁枋间雀替雕花优美，红绿色彩鲜明，与传统川东穿斗式民居有所差别，疑为旧时寺庙大殿。各间之间并无墙壁隔断，仰头之间亦无遮拦，空落落的椽梁檩架构造尽入眼中，四壁以标语及保育院时期旧图片张贴。从依旧鲜艳的"青少年爱国主义教育基地"标语推知此地常有人来进行参观活动，赵院长当年与保育院孩子们的黑白照片为当年艰苦的生活工作情况提供了详细注脚，使得我们方可按图索骥推断当年保育院住所、办公与教室的划分。

保育院旧址仅存此一处可寻之迹，有手绘图片显示原貌，但旧建筑高大围墙、中式重檐大门均无存，四周已被20世纪八九十年代修建的混凝土教学办公楼所包围——此地目前是土场小学的教学和办公楼。

自主场再度山路颠簸，拐上公路主干道时暮色初现，再往东阳夏坝已经来不及，遂匆匆驶入北碚城区。在西南大学校园内稍事休息，正专注于20世纪五十年代建筑搜集的金磊先生对校园内西南局时期的苏式川东行署大楼进行了一番认真观察，并对大校门口毛主席雕塑绕有兴味地加以推敲断代。彼时华灯初上，众人旋即驱车驶向今日市郊最后一站：梅花山张自忠墓。

张自忠，山东临清人，千古荩臣，一代良将，1933年长城战事起时于喜峰口血战七昼夜而胜，威名赫赫，抗战全面爆发后率部奔赴前线，一战淝水，二战临沂，三战徐州，四战随枣，1940年率三十三集团军转战宜城、襄阳，在南瓜店十里长山高岗上壮烈殉国。三军折柱，国失英才，梅花山张将军埋骨之所位于渝武高速路入口处。曾经一度冷清之地如今成为人来人往的停车借道之处，陵园内松柏森森，庄严的甬道最终还是将俗世凡尘的喧嚣挡在了外面。建筑考察组赶到陵园外已是傍晚六点半，管理人员下班走人，只得感叹无缘观瞻将军英姿。

我对将军墓熟悉，一是因为上学时日日经过此地，二是源自好友广州才女朱颖玥。她每年暮春总会来此会同张自忠长女张廉云老人扫墓，我得闲便相陪。朱小姐致力于研究西北军历史，五年来沿着西北军路线辗转南北考察二十九军历史，近二年埋首卷帙，著《忘断山河远》，悉数张将军生平。将军生前蒙不白之冤，悍然以死明志，后生晚辈揭蒙尘往事昭先烈事迹于后世，将军九泉有知当为快事吧。

张将军灵柩运至朝天门当日，万众悲恸，蒋介石亦痛失栋梁，亲为执绋，为张将军举行国葬，极尽哀荣。军事委员会正副主席蒋介石、冯玉祥亲自选定权厝之地，停灵北碚雨台山，计划日后还都南京再迁葬。二年后墓地修建完工，冯玉祥亲题墓碑，并仿明代史可法葬梅花岭之意，隶书"梅花岭"三字镌刻墓前，并亲自栽下梅花树，从此雨台山更名梅花山。如今隆然大墓雄风犹存，四周遍置林木，清静肃然。墓地平面为长方形，坐南朝北，南高北低，陵园外与纪念广场之间是一条长48米的大道，出口有雄狮蹲踞。将军墓为市级文物保护单位，保存情况尚好。

离开梅花山再度驱车，天色全暗。北碚距离城区经高速路不过半小时车程，但在7点左右穿越市中区到南岸又是件耗时费力的事情，不过到达南岸滨江路正好赶上灯火辉煌的最好时段，江天一色，炫目的山城夜景展示出最旖旎迷人的一面，比白日增了十分风采。可惜的是滨江路数栋开埠时期老建筑在夜幕之中却无法寻访，唯一聊以告慰的是在法国水师兵营中巡行一圈，最后在临近这座百年古堡的露天大排档前大快朵颐，再次酣畅淋漓地饱食了一通麻辣鲜香的川菜，在习习江风中舒展开每个毛孔。

7月26日　　（阴）

万州

人事有代谢，往来成古今

万州，有重庆第二城市之称，有4000多年历史。夏商时属梁州地界，秦置为巴郡朐忍县，后世置所几易其名，至民国时乃为万县专区，1998年改为万州。其地东接云阳，西邻忠县、梁平，据深水要道，扼夔巫川江之地黄金通道，20世纪初西南地区首开门户，重庆海关即在此设分关。

今日原计划自万州到云阳、忠县，来回需要近六七个小时的车程，故而今日动身极早。沿途前往万州的高速公路车辆稀少，行程非常顺利，车外风物与水路到万州沿途所见相比是另外一种景象，入城后即按昨晚所查资料问路，径直前往高笋塘西山公园。

万州旧城随三峡大坝蓄水175米方案实施大半沉入江底，新建江城以全新的风貌呈现在我们眼前。沿滨江路前行，只见万州新城鳞次栉比分列长江两岸，江景浩荡奔流，轮船汽笛不时入耳。宽阔的滨江路上最显眼的是号称"三峡之星"的碗状建筑万州体育馆。在临江广场宽阔之地陡然出现这样一个造型极其现代，体量巨大而线条流畅优美的体育馆非常吸引眼球。在体育场馆巨大的圆弧之外的是驻守公园大门80年的西山钟楼。

1.西山钟楼

西山公园为原明代兴建"西山观"之处，为南北走向的狭长坡地，万县开埠后于1924年建为商埠公园，次年，市长杨森建西山公园。建国后几十年坍塌毁损较多，多处用地被挤占，公园现存面积不到初建时的1/5。西山海关钟楼为目前公园最低处，乃万州标志性建筑。

西山钟楼作为老万县的代言者，也是出入川江最明显的标志，当年有名的万光电池就采用钟楼作为商标图案。1928年四川军阀刘湘打败杨森后令属下王陵基修筑钟楼，1930年

图5.万州市西山钟楼

图6.西山钟楼局部 (1)

图7.西山钟楼局部 (2)

图8.万州抗战阵亡
将士纪念碑

图9.万州白骨塔

建筑师董炳衡设计钟楼，武汉营造厂修建，两年后建成。钟楼高50.24米，（座高12.84米，身高19.6米，顶高18米）分为5层，第4层有精美的阳台出挑，第5层上嵌圆形钟表盘。钟楼下设底厅，底厅有精致的旋转楼梯用于登顶观江景，厅内立巨大石碑，高5米，宽1.3米，底厅四面处理为四面拱门形式，基座勒脚为青石砌筑，外作水磨石，上部及楼身为青砖墙体，外抹砂浆分缝，楼顶平面是八边形，顶上为中国传统建筑式样，双层盝式八角形尖顶，下部悬挂铜钟一口，整座钟楼装饰精细，图案典雅秀美，具有明显的民国风格，大气恢弘，异常坚固。

钟楼基座底层厅堂中石碑原为格言警句，简明易懂、发人深省的格言警句在"文革"时被磨平之后以毛泽东诗词取而代之。老万州人不少都受过老石碑上格言警句的教益，近些年来关于恢复和保存当年内容的呼吁声一直都存在，现在搜集补充原碑文的书籍、书法作品不时出现，和当前读传统经典的官方号召非常合拍。

2.抗战阵亡将士纪念碑

入公园自西向东沿坡缓行，即见抗战阵亡将士纪念碑，碑建于1958年，为四方体形，占地面积49平方米。碑四周为花坛，花坛高0.5米，边长7米；四方基座两层，高1.8米、边长3米；碑身高8米，宽2.2米，四面均楷体阳刻铭文"抗战阵亡将士纪念碑"；碑顶塑有白花，以示奠念。石碑久经风雨侵蚀，碑面略有风化，苔痕斑斑，色泽深浅不均，简朴之中显庄严气度，四周无相关文字介绍说明。

3.白骨塔

公园中有动物园，需单独买票方能进入，白骨塔位于动物园内，入门直行右首即可见。塔主要用于埋葬1940年日寇在万县大轰炸中惨死的同胞。塔下原有碑记，载石塔原为密檐式六角塔，风格古朴，塔基下有碑石侧卧，文字涣漫难以

辨识。塔整体为条石砌成，似有较大毁损且有沉降迹象，塔基散放一六角石构件，苔色石质与塔身相同，塔基之上为二层塔身，六角形，塔角起翘处有简单线脚装饰。塔基、塔顶均为青草覆盖，旁有榕树盘根错节生长其上，巨大的树根将塔身死死抱紧。环顾四周亦无任何文字介绍说明。

图10. 万州苏军烈士库里申科墓园 (1)

图11. 万州苏军烈士库里申科墓园 (2)

4.库里申科墓

格里戈利·阿基莫维奇·库里申科为苏联志愿军飞行员少校大队长，于1939年5月带领全队驾驶12驾重型远程轰炸机"达莎"来到中国，支援国民政府抗日，10月14日库里申科大队轰炸日军武汉空军基地后遭日军空中拦截中弹，在返回万县途中坠入长江。万县百姓自江中打捞出库里申科遗体及座机，为纪念这位伟大的苏联国际主义战士，1940年元旦将其隆重安葬于太白岩，后在西山公园修建陵园迁库里申科墓于此，此后曾经三次大修。

我们此行所见陵园修缮完备，原有苏式建筑风格非常明显，较抗战将士阵亡纪念碑、白骨塔介绍说明文字更为全面。陵园主体为白色，园内松柏环绕，三拱白色大门肃立，以几重曲线装饰，简洁大气，进门迎面设影壁，仿毛体题字："中苏人民以鲜血凝成的友谊万岁"。影壁后为白色墓碑，碑上两面各以中、俄两国文字书写，顶上有中苏国旗及和平鸽图案装饰。墓前有库里申科铜像及生平说明文字，红色基座及铜雕橄榄枝、地球图案相呼应，庄重热烈。

5.万州和平广场、大礼堂

和平广场与大礼堂是万州现代城市发展史上一大标志性建筑物，建成于1953年，为纪念抗美援朝战争签署停战协议而命名为"和平广场"，1959年，广

图12.万州大会堂

场又内修建影剧院，后为万县地委大礼堂（现称万州大会堂），两年后建成，为20世纪60年代万州代表性建筑，至今仍为万州标志性建筑之一。

礼堂建设之初风格确定为仿重庆山城电影院风格，因建筑施工有较大难度兼钢材的用量受到限制，山城电影院"薄壳"技术在此无法实施，"原版"的五拱变为了三拱，门厅修改为二层，二层拱柱之间跨度较大，建筑主体为白色，以4根高大红柱及红色额枋、雀替传统花纹装饰，色彩鲜明，庄重喜庆，内部观众厅跨度25米，颇具气势，内外墙参照人民大会堂、军事博物馆墙面花纹装饰，磨石地板，中式窗棂，红白相间，传统风格浓郁。

礼堂从影剧院到今之大礼堂，功能从观影、看剧、大型会议到演出，一直保存使用完好，我们寻访至此正值许志安歌友会在此举行，海报招贴甚是热闹，老建筑俨然丝毫不落后于时尚节奏。

6.滨江路无名建筑

万州滨江路正在进行改造，沿公路一带是大量拆迁中的老建筑，众多木制和砖木结构的明清、民国老宅已经被拆除，有院墙和大门等残迹，造型古朴典雅，较难得见的是一工厂旧址，三排车间厂房均为人字形屋顶，最外一间厂房屋顶圆窗下有毛体"为人民服务"五字，屋顶瓦片按斜三角形平铺，极为独特，唯墙面大红"拆"字非常醒目。从现状看来万州区正致力于江岸景观打造，惜乎有历史特色的老房旧宅维护不力，一并沦为拆迁破烂。继老城大部分建筑没入江中之后，沿江仅存的旧式民居并未得到保护，若在拆迁基础上建高楼或仿古房屋，则城市特色风貌难存，实为一大遗憾。

7.其余抗战遗迹寻访概况

自城区小店餐后开始寻找散布于市区内战时大公报印刷厂、军政部军粮局万县十二仓库、六战区兵站总监部第六粮服库、天子寨抗战时期炮台、狮子寨抗战时期炮台、青岛海军军官学校等几处万州新发现抗战遗址。首先前往北山小学寻找抗战时期报警台。小学建在极陡极高处，按所查资料介绍报警台在小学内，但未有具体信息提供确切位置。考察组成员在传达室人员准予下入教学楼内四处探视，感觉地势高峻确有利侦查及发布信号报警，四顾周遭，没发现任何指示说明此处有抗战报警台旧迹，向老居民询问均摇头不知。

第二站为枇杷坪渝东大花园大公报印刷厂旧址，在小区附近兜转近半小时，四处打听，均无人知晓，遂转往不远处的旅游职中探访军政部军粮局万县十二仓库、六战区兵站总监部第六粮服库旧址，高大齐整的教学楼后为山崖，远眺似适合仓储之用，但经过滑坡治理不准攀援，未能见详细情况，独有殷力欣先生对摩崖石刻情有独钟，因见佛像及挂红、香烛之属，又建议前往，从校外攀数百步石阶而上，只见小型石佛、菩萨数尊而已，未见仓库出入口痕迹。

经过数次冒暑热登高寻访，考察组诸人均疲惫不堪，再往周家坝街道寻找狮子寨抗战时期炮台、青岛海军军官学校、天子寨抗战时期炮台等旧址，沿途问路，行人一无所知，最后被指往某驻军部队所在处，与所供资料路线方向大相径庭，无功而返。此行耽搁时间甚长，云阳、忠县之行无法继续，只得掉转车头回市区。

回顾万州之行，旧有抗战建筑遗存唯白骨塔完整，新发现炮台、报警点、仓库等遗址多不为人所知，其余保存完好的建筑除西山钟楼为民国建筑外，其余皆为建国后五六十年代建筑。

7月27日　（雨转阴）

渝中区李子坝—上清寺建筑群落—鹅岭公园

远去的足音：曾经的风云际会

今日为周一，大雨下至清晨，昨日高温暑热迅速退去。午饭后开始对市中区史迪威旧居、上清寺、枇杷山公园一带保存完好的周公馆、桂园、特园及市委大院内行政院、蒋介石官邸、国民政府办公楼等建筑的考察。

1.史迪威旧居

史迪威旧居兼博物馆位于渝中区李子坝嘉陵新路63号，占地7.2亩，建在坡地背依鹅岭，俯瞰嘉陵，为地面二层带地下室的西式现代小楼，灰色建筑风格质朴简约，无任何多余装饰。

图13.史迪威博物馆（正面、侧面鸟瞰），混凝土结构，建于1939年，杨廷宝设计

建筑初为宋子文公馆，此地为当时国民政府显贵们的别墅集中地段，离上清寺国民政府政治中心很近，交通便利，便于相互间的会晤和交流。二战期间，"同盟国中国战区统帅部"在重庆成立，美国四星将军史迪威将军作为统帅部的参谋长，前来中国协助蒋介石指挥滇缅抗战，监理租借物资和滇缅公路修筑，帮助训练中国军队。1942年到1944年在重庆期间以此为寓所并兼美军司令部。政府1991年将此地辟为"史迪威将军旧居陈列馆"，2000年改名为"史迪威将军博物馆"。

实际上抗战期间长期呆在滇缅前线的史迪威在此居住的时间很少，与蒋介石的意见分歧和个性矛盾使得这位清教徒出身的将军待在重庆的日子与天空的阴云一般压抑低沉，除了初到重庆仅存的一张合照可以说明二人最初不甚了然的和谐之外，余下的日子就是在军队指挥调动、物资分配、战略部署上无休止的争论辩驳中纠缠，尤其是史迪威对中国共产党的认同态度无法让蒋介石心头舒畅。最后，罗斯福一封措辞严厉的威胁电报经史迪威不加晦饰的转交，突破了蒋介石最后的忍耐底线，彻底终结了蒋、史的合作，而此时史迪威付诸了大量心血的远征军正势如破竹地取得缅北反攻的节节胜利。几个月后日本投降，当庆祝胜利的疯狂的人群涌上街头，同时在密苏里号上参加日军受降仪式的史迪威希望再到中国看望的请求被蒋介石断然拒绝。一年半之后，1946年10月12日，参加过两次世界大战的老将军史迪威在被胃癌折磨的最后时刻，于昏迷中永别了这个战火硝烟弥漫的世界。

旧居保留下来的东西并不多，为增加观光的趣味，博物馆对内部进行了新的装修和布置，以中式桌椅、卧床、穿衣镜等填充其中，原本四面可观江景的游廊被隔成副官、参谋卧室及书房,功能划分变得不合情理,颇不足观。

所幸近半个世纪之后房子外观仍保持了原来的样子,因为修缮维护得当,没有陈旧感,保持着西式现代建筑简洁的外观,清爽凝练的直线条设计倒是非常契合史迪威一丝不苟的个性。旧居户外立有史迪威将军半身像,将军表情严肃地背对着长江,通往旧居台阶处新刻的中英文字:"炮声沉寂,硝烟远去,唯有历史的友情,我们的记忆,长留天地"。

来此地参观的游客以外国人居多,尤以美国人为主,看来这位美国将军的悲情英雄形象不仅长存于中国人心中,也同样值得美国人怀念。

2.曾家岩50号周公馆

从史迪威旧居出来后雨稍止,空气清新,在曾家岩广场下车便见周恩来铜像伫立广场正中,右方有一灰色砖木小楼隐于高墙后,正是"红色三岩"之一——八路军重庆办事处、中共中央南方局旧址所在地曾家岩。

抗战时期曾家岩直到上清寺一片地带为陪都政治中心地段,密集地分布着行政院、军委会侍从室、国际问题研究所、戴笠公馆、张治中桂园公馆、特园等重要机构和要人居所。选取此地作为当时南方局办公处是为了便于信息交流、接待访问和随时掌握情报的需要,但也随时面对特务分子的情报刺探和监视。

1939年,正值抗战最艰苦的时候,周恩来到重庆时,为开展工作需要,以个人名义租用今渝中区中山四路曾家岩50号作为中共中央南方局在市内的一个主要办公地点,对外称做"周公馆"。馆内设中共中央南方局军事组、文化组、妇女组、外事组和党派组,在这里,周恩来等人广泛会见、接待中外各界人士,为发展统一战线、壮大进步力量、争取国际援助开展工作。名为"周公馆",实际当时仅一、三楼为南方局所用,二楼西侧的几间房屋转租给了时任国民党中央训练委员会委员、主任秘书的刘瑶章先生和端木恺等人。抗战胜利后中共四川省委所在地迁到这里。

图14.曾家岩50号,原为赵佩珊私宅

"周公馆"占地面积364平方米,建筑面积882平方米,为国家级重点保护文物,是一幢依岩而建的二楼一底小楼,当时一面临江,一面临巷,两进院落,三层楼房,中西合璧,如今临街一面已辟为广场,面街之封火墙格式犹存。自窄小正门入内为一门房,门房入内则豁然开朗,是一川东民居中常见采光透气的天井，青石地面，青瓦铺顶，天井四周围合，开门相通，关门自成一体。两进院落位于其后，砖木混合结构，白墙、暗红门窗，简单朴素，无多余装饰。一砖一瓦皆安置良好，看得出精心维护的效果非常显著。

3.桂园张治中公馆

"桂园"原是国民党高级将领政治部长张治中先生的私人公馆，因园中多植桂花树而得名。位于上清寺与曾家岩交界处的中山四路北侧，距曾家岩50号约200米，为一座方正小院，总建筑面积为489平方米，主体为中西式砖木结构二层灰色小楼，占地279平方米，通高10米。院外为二层门楼，坡屋顶，清水砖墙白砂浆勾缝，楼下设南北朝向的拱形楼门供进出，入门两边是传达室和警卫室。拱门楼上的一列房间用做警勤人员住室，设计井然，布局精巧。院内有两楼一底的砖砌正房，灰色砖墙，暗红门窗，淡雅古朴。正房前设立柱门廊，楼上设外廊阳台，护栏围护。房前有万年青圈成的园圃，内植桂花，数丛山茶，各种野卉杂花铺缀其间。院外一墙之隔，便是车水马龙的中山四路大街。

1945年8月，毛泽东应蒋介石三次电邀，飞来重庆参加中外关注的国共两党和平谈判，张治中先生为促成和谈让出桂园，作为毛泽东的市内活动寓所。各界人士纷纷前来晤谈，共商国事，桂园因此客人络绎不绝，一时被誉为"和谈名寓"。10月10日，国共和谈"双十协定"的签字仪式就在底层的右侧客厅里举行，"桂园"也从此成为具有重大历史意义的著名纪念地。至今厅内的布置仍然保留着原状。壁上悬挂框匾，摆放了众多图片资料，再现了当年国共两党和谈的基本情景。

桂园目前作为文物保护单位，面向社会免费开放，维护保养和使用状况良好。

图15.桂园，建于20世纪30年代末期

重庆抗战建筑遗存考察纪略

图16.特园，建于
　　1931年，鲜英
　　夫人金竹生
　　设计
图17.称为"在世
　　孟尝君"的特
　　园老人鲜英
图18.特园主人鲜
　　英
图19.特园风云人
　　物

4.特园

特园位于上清寺转盘中四路入口的小山坡上，是民主人士鲜英的家宅，当年对面便是范庄孔祥熙公馆。当年拥有十几幢砖木结构房舍的特园经过抗战大轰炸、"文革"破坏，数遭火焚，主楼达观楼已化为灰烬，如今仅存"康庄"和"平庐"连体老楼兀自独立山头。站在环形转盘上远眺，林木掩映中剩下的二楼两两相对，人字坡屋顶，深色墙砖俨然，中西合璧的尖顶、廊柱、窗户、多棱角楼与传统川东民居的雕花窗棂、小青瓦相结合，具有抗战时期典型的民国建筑特色。两幢楼分别以鲜英两个女儿的名字命名，目前这两幢楼作为民主党派历史陈列馆，用于保存和展览各民主党派的历史文字资料、图片。

郭沫若在《民主运动中的二三事》一文中提道："在上清寺，有鲜特生的公馆，名叫'特园'，民主人士也时常在那儿聚会。1945年下半年以来，竟成为民主同盟的大本营，民主同盟主席张澜就是住在那儿的。特园很宽大，位于嘉陵江南岸，眺望甚佳。这儿原来由大家赠予了'民主之家'的徽号，是我写的字，还题了一首诗上去……要叙述重庆的民主运动,特园实在是值得大书特书的地方,可惜我们在重庆时没有把这儿所经过的一些事情尽量记录出来。"这里的特园,就是鲜宅。人们习惯把鲜宅称为特园,因为鲜宅是特园活动的中心。

"特园"主人鲜英1885年生于四川,青年时入伍,后来升入陆军速成学堂,与刘湘、杨森、王缵绪、潘文华、唐式遵等为同窗好友。20世纪初,张澜出任川北宣抚使时,鲜英与杨森、刘湘等分别在其身边担任参谋、护卫营正、副营长。1913年,鲜英随张澜赴京见袁世凯,为袁世凯所看重,便留其在身边做总统府侍卫官。后来鲜英以读书深造为名离职考入陆军大学。毕业回川后,他先后任钟体道师支队长、刘湘部十师师长兼重庆铜元局局长和南充第十一区行政督察专员等职。

20世纪20年代,时任川军总司令部行营参谋长的鲜英买下了上清寺靠嘉陵江边江西会馆拥有的这块70余亩的坡地,将自己的花园别墅建在这座小山头上,以后又陆续修建了十余幢楼房,这些楼房成为上清寺公馆群中的醒目豪宅。鲜英慷慨为国,开放私邸,抗战期间荷兰、意大利使馆和苏联、盟军军事代表团先后都曾借住于此,同时也为民主党派和中共活动联系提供场所,故而被冯玉祥称为"民主之家",1945年重庆谈判的众多细节即在此形成,东北停战协定在此签订,民盟的很多重要政治活动也在此举行。特园在抗战和此后的政治历史中都发挥了具有全国性的重要作用。

此地仅存的两幢房屋经维修后得到有力保护,新建中国民主党派历史陈列馆已在附近破土动工。

5.张骧公馆

沿着上清寺转盘行走,除了特园遥遥入目外,还有一座近在咫尺的小楼容易引起行人注目,这就是张骧公馆。张骧为国民党元老张群四弟,这位留学国外,以邮电通信工程技术为专业的大家子弟,生平狂放不羁,纵游平康妓家,其纨绔行径最为洁身自好的兄长所切齿痛恨。历任堂堂江西九江电报局局长、汉口电政管理局局长、川康电讯监督兼重庆电报局局长的张骧畏兄如虎,一度上演过为求得兄长原谅,半夜翻墙进屋被哥哥拖到父亲遗像前痛打的经历。

但富有戏剧性的是,这位秉性奇特的重庆电报局局长偏偏生来就是个兄长教训转背就忘,朋友的话却句句顺耳顺心的主儿,国民党败退时他拒绝哥哥的安排迁往台湾,却认真地照着民盟好友建议致力于保全川康两省电信局器材设备,新中国成立后完好无缺地交给新生的人民政权。所以这公馆会出现在表面看来似乎毫不相关的电信局大院内也不再奇怪了,正是因为他,才有了新中国时期的重庆电报通信雏形,这拥护新生政权的举动显然使张骧获得了尊重和信任,新中国成立后安然生活十年,善终离世,葬在母亲身边。他的一生,没有经历太多的风云变幻波折。遗留在今上清寺电信局内的公馆于2003年被授予区级文物保护单位称号,曾被作为办公楼使用，后被定为危房，目前引起有关部门重视正在落架大修。

公馆设计风格为中西合璧的民国建筑风格，壁炉居于住宅中心，外部设有欧式阳光房。公馆屋顶糅合东西方格调，有中式歇山与西式十字双坡屋顶，造型优美、独具匠心。

6.市委大院建筑群落

国民政府1937年12月1日正式在重庆开始办公，政府所属中央各行政部门的办公机构集中迁建于新市区上清寺、曾家岩一带。上清寺以清朝一小道观而得名，如今道观无存，倒是沿袭国民政府机关选址之便，这一地段至今仍是重庆市级机关集中所在地，是直辖市的政治中心。

现今上清寺中山四路位于渝中半岛西北角，右侧为今市委大院，蒋介石抗战时期市中心官邸德安里一号尧庐、国民政府行政院、军委会侍从室等都位于其中。

尧庐官邸是一座两层灰色中西合璧式二层小楼，浓荫遮蔽右侧，左侧为八角形攒尖顶阁楼，古色古香，正中门廊圆凸，二楼为凸出的三个圆形大露台，楼以爱奥尼克式柱体支撑，非常古雅庄重。

原德安里二号、现今市委大院4号楼是宋美龄旧居，位于市委大院内左侧山

图20.尧庐，原川
军将领许绍
宗宅
图21.市委大院4号
楼，砖木结
构，原宋美龄
旧居

坡上，坐北朝南，可以俯望尧庐，这座二层中西式砖木结构小楼，面阔25.2米，进深19.4米，通高11米，四面窗户大开，露台宽敞，楼道宽大，顶上人字坡顶耸峙，楼下侧面开一小侧门，为正门补充便利。整栋建筑既有大方开放之感又具小心隐秘之意，很耐人寻味。

4号楼下坡左行不远有浅灰砖制墙面、歇山屋顶、飞檐翘角的小楼，四面游廊，方形立柱支撑着的二层楼爬满了厚厚的绿色爬山虎。该楼原为道观，毁坏后复重建，墙上有"重庆谈判旧址，重庆市级重点文物保护单位"字样的说明牌。

国民政府行政院外形最为西化，也是陪都遗址中保存较

好的建筑，因此尤其显眼。这是一座纯白色仿巴洛克式建筑，原为德国天主教堂，砖木结构，坐北朝南，二楼一底，楼宽23.3米，进深24.7米，楼高19.4米。行政院位居立法院、监察院、司法院、考试院五院之首，抗战时期为整个国家的动员总中枢组，设于这一洋派建筑中倒是很能体现其地位。

抗战时期李宗仁旧居与美丰银行总经理康心如旧居也在此地，据说也已经重建，外形与原状差别甚大，匆忙之间亦未得见。周围有新建市委小礼堂及市委组织部、宣传部大楼，均仿抗战陪都建筑而作，与大院风格十分吻合。

7.枇杷山公园抗战建筑

建筑考察组中殷力欣先生对重庆最为熟悉，其舅父陈明达先生为重庆设计过两项重要建筑，一为中共西南局办公大楼（在重庆市委院内），一为位于枇杷山上的重庆市委大楼（即现在的重庆市博物馆旧馆）。为捐献陈先生书稿文集并考察陈先生设计的建筑，殷先生曾赴重庆走街串巷考察拍照，故而对渝中区一带建筑所知甚多。

枇杷山海拔345米，为旧重庆城区最高点，现今为观赏山城夜景的好去处，抗战时期则是在大轰炸中首当其冲的地方，为此山下筑防空洞若干，并设高射炮台抵御轰炸，但遗址未寻访到。公园外陈明达先生设计的"七巧板"平面布局的重庆市博物馆旧馆正在进行落架大修，难窥其全貌。绕此楼而行即进入枇杷山公园内，园中花木葱郁，鸟鸣啁啾，空气格外清新。公园原为民国时期四川省主席王陵基的私宅，人称"王园"，新中国成立后收归国有作为市委机关所在地，目前王陵基别墅楼保存完好，老建筑红星亭仍然是人们休闲纳凉的地方，并没有因为陈旧古老的外观而跟不上休闲的脚步，可惜川人好赌之风自古就盛，园中游客多为打麻将之辈，殊为煞风景。

"王园"别墅楼称"红楼"，为中西合璧的一楼一底红砖青瓦建筑，对称式布局，左右为角楼，每面墙上均分别开窗，采光通风，中式攒尖屋顶，出老虎窗，典雅大气。惜乎目前红楼改为大众餐馆，游人进出不断，比起当年省主席府的森严自是另外一种景象。园中另一出名的建筑是红星亭，是登高赏夜景的最佳之处，亭台高筑，基座下有石牌阳刻"红星亭"三字，亭为传统古典建筑形制，底层为八角，顶层为四角，额枋飞檐上均施以彩画。红星亭居公园最高处，立于亭中半岛景象尽收眼底，名为"红星"实为望江。

作为市区历史悠久的老公园，枇杷山公园在大轰炸时期的特殊见证作用和保存完好的老建筑存在，使其拥有同十八梯、大隧道惨案同等的地位，所以近期将公园建为"和平公园"的呼吁也开始出现。

在枇杷山公园享受了难得的悠闲与清凉之后，应重庆设计院李院长之邀，大家预备赴洪崖洞晚餐。临去之前，禁不住未尽的考察兴致，顺道沿江参观了德国GMP带给重庆的绿色大坦克——重庆大剧院和法国AS与重庆设计院联袂的科技馆，华灯初上，江对岸又是一片璀璨，洪崖洞吊脚楼在密集的灯光闪耀处宛如瑶池琼宫，煞是引人注目。

7月28日　　（阴转晴）

沙坪坝—南岸南山抗战遗址

山河依旧，青山无言

今日是重庆建筑考察的最后一日，由于出发时已经是上午十点多，加上要通过素有"堵城"之称的沙坪坝，时间非常仓促，歌乐山和重庆大学的建筑就来不及走访了，便建议大家去探访全国唯一一座在自然状态下保存完好的"文革"武斗红卫兵墓园。

9年前初出校门，在沙坪公园开会，和众人顺道造访过这处掩藏在青藤老树、黄泥衰草中的阴森墓园。后来读刘小枫先生的《记恋冬妮娅》一文，刘先生对彼时武斗中少年男女们在疯狂的盲目崇拜中将青春血肉之躯献祭于无知的信仰有着惨烈而深刻的记叙，所以我对这座特殊的墓地有着另外一种看法，认为值得一观，故而推荐大家前往。

辗转到达沙坪公园，天气凉爽，游人无数，黄发垂髫，怡然自乐，并非周末时分竟如此之热闹，引得建筑考察组众人纳罕。至公园深处，墓园外已修筑围墙，入口处铁栏大门紧锁，墙外有随意涂抹的"'文革'墓群"四个陈旧的大字。透过铁栏可看见成排的巨大长方形柱状墓碑，大都带着天安门人民英雄纪念碑的影子，方形基座，以火炬、五星、红旗和造型不一的"815"标志、毛泽东语录为装饰，处处流露出过去时代的特征，久经风雨剥蚀，外皮灰浆脱落后绽出红色砖砌的建筑原始状态，墓草青青，蔓藤蜿蜒，落叶满地，看得出素日少有人迹，整个墓群占地50余亩，共131座坟墓，埋葬着573人的遗骨，排列并无章法，类似西方墓地，整个墓群气氛阴森暗沉，让人异常压抑。可惜如今墓园加强管理，铁门紧锁，管理人员按照安排拒绝媒体报道，谢绝参观，非家属或上级打招呼一律不开园门。一行人在门口徘徊良久，殷力欣先生自恃身手矫健，打算越门而入，奈何门上敷油，黏糊不堪，尝试二次只得叹息作罢，仅在门入口隔门而观。

"文革"墓群的存在和保护一直是具有争议性的话题，关于如何处理和对待这一特殊历史痕迹的争论一直都存在，《南方周末》等媒体先后对此做过深度报道，民间关于保留"文革"墓园的倡议也不断被提及，近期通过一些热心市民的努力，将"文革"墓园作为市级文物保护单位的批复终于于2009年12月确定，这个扭曲时代的特殊纪念建筑终于争取到了存在的合法地位。

匆匆离开沙坪坝，直接前往南山。

南山位于南岸区，北起铜锣峡，南至金竹沟，包括汪山、黄山、袁山、蒋山、岱山、老君山、文峰山等数十座山峰，总面积约2 500公顷，平均海拔400余米，最高峰春天岭海拔681.5米，与渝中区隔江遥看。

山道蜿蜒曲折，公路两侧浓荫匝地，盘桓山路不久峰回路转，宽阔马路呈现眼前，位于这山间小镇中的邮电大学仅在咫尺，靠沿街右拐，陡峭的山道上通往黄桷垭文峰山铁路疗养院，我们在疗养院内下车，开始考察国民党元老于右任旧居和孔二小姐旧居孔香园。

图22.于庄，砖木
结构，建于20
世纪30年代

　　疗养院也是环山修建，从山道徐徐朝下行，站在路边就可俯瞰到掩映在林木丛里的于右任公馆"于庄"。此地为1938年时任监察院院长的于右任初到重庆时的别墅居所，建筑依山就势，俭朴的砖木构筑出了典型的山地特色建筑，西式古典平台花园与中式重檐风格小楼并重设计，既可一览无余地俯瞰江景又和山林景色充分融合，兼顾了实用与审美，但如今在荒草掩埋之下很少有人看得清原始状态了，兼以厚厚的爬山虎覆盖，大多数人都会将其看做川东常见的"抗战标准房"。

　　于庄之所以称为"庄"源自最初造型为一座中西合璧的乡村庄园式别墅，它有着陪都时期建筑少见的意大利古堡田园牧歌风格。整座庄园风格凝重大气，却又不乏灵秀雅致，在山林之间流露出山林修士特有的隐逸与浪漫。别墅共三层，地下一层，地上二层，悬山重檐的中式小楼有传统的中国木窗、木门和窗棂装饰，小楼前有南面围合的台地花园。青石砌成的5米左右高的台地花园是庄园最富意趣之处，花园依山形坡地而建，依据地势建造了具有明显欧洲中世纪风格的城门和城墙，城墙两端各设一圆形角楼，厚重古朴，如同从童话传说中走出来的骑士古堡。台地花台就建在城墙内的坡地上，离地5米多高，须从城门入口沿梯道转角，才能进入。

　　花园右侧是直直的悬崖，园中遍植茶花、紫荆、黄桷树、桂花，自平台极目远眺，长江水天江景尽入眼中。山中天气晴好时在此间品茗观花，纵谈古今，实在是件赏心乐事。从花园平台穿过不过十来步，拾级而上即可步入中式居住楼堂的中厅，房屋后也有门可供进出，现在保留下来的只剩屋后的出口了，台地花园出入口已经找不到多少印迹。

这座看似完好的楼房实际上只剩得一半残余，今天想要看到这位于青砖城墙之内、城门之后的平台花园是件艰难的事，不知从哪年哪月开始，黄土与荒草湮没，仅余旧日的痕迹，城门与城墙仿佛成为了虚无的传说。到底是自然所为还是人力所驱？这是留给观者的一个谜。

现在堆叠在于庄别墅外的是经年的黄土和几丈高的衰草，几乎将拱形城门全部埋没，只在几丛蒿草空隙处可以瞥见拱门几层线脚的影子，角楼优美的弧线在浓密的树荫和爬山虎丛掩映下模糊了形状。庄园外悬挂着"危房严禁靠近"的牌子，已经荒芜得面目全非，满地经霜落叶散落在苔痕历历的石阶之上，一层复一层，重重叠叠，底层多已化做花泥腐土，上层随风而落者有的暗红如血，有的浅淡憔悴，厚厚地铺陈在台阶与屋后园中，经年累月的堆积，踩在脚底绵软无声。

1949年，大势已去的蒋介石胁迫于右任从香港来到重庆，强逼其离开大陆共赴台湾。古稀之年的于右任带着无限不舍之情含泪惜别重庆，从此忍痛同老妻爱女天各一方，居于孤岛台湾直到终老，后半生再也没能回到大陆与妻女团圆。带着对大陆故乡的刻骨铭心的深切思念，于右任抱病写下千古哀歌《望大陆》。

> 葬我于高山上兮，望我大陆，
>
> 大陆不可见兮，只有痛哭！
>
> 葬我于高山上兮，望我故乡，
>
> 故乡不可见兮，永不能忘！
>
> 天苍苍，野茫茫，
>
> 山之上，国有殇。

诗成二载，于老抱憾而逝。

离于庄不远处有孔氏家族声名狼藉的孔二小姐孔令俊的别墅"孔香园"，亦为依山而建之所，占地700多平方米，三面靠山，一面正对垭口，夏日凉爽宜人。小楼以条石和木材为原料，坡屋顶小青瓦，保存较好，基本维持了旧观，内部有住房12间，目前装饰一新，楼上用做疗养院宾馆客房，随时有服务员打扫，楼下为活动室，设置高档机麻桌，如此场景对跋扈飞扬的孔令俊应是一种莫大的讽刺。如今，参观者也只有从上过漆的红木地板上寻觅得到一丝丝旧时的韵味了，何处为孔二香闺，何处为佣人房也不甚分得清了。

自孔香园出门已至过午，众人前往南山有名的泉水鸡一条街招牌老店"老幺"进餐。鸡以南山独有泉水烹制，鸡肉以放养山中野生鸡为首选，故而以麻辣香糯著称，面对此地方美食之挑战，除素不食鸡肉的金磊先生外众人无不摩拳擦掌跃跃欲试。在辣椒刺激下，饭毕众人精神不减，满怀斗志继续前往南山之黄山抗战遗址博物馆。

作为重庆传统官宦人家的避暑胜地，南山实际上主要的景区集中在黄山和汪山一带。汪山是世袭天主教徒汪代玺家的产业，是一片西式建筑群园林区，抗

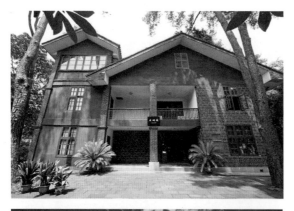

图23.云岫楼，砖木结构建筑，黄氏旧宅

图24.蒋介石夫妇在黄山官邸会见蒙巴顿、史迪威

战时期苏联、法国、印度、西班牙等国大使馆就临时选址在此地；黄山原为南岸玄坛庙夏家的产业，1913年卖给洋行买办富商黄云陔后，黄氏在此修建"黄家花园"消夏避暑，故而得名黄山，与安徽黄山毫无瓜葛，此地前临凉风垭，左傍老鹰岩，林幽谷静，空气清新，夏季气温比市中区低5~6℃，夏日凉爽宜人。

国民政府迁都重庆后，蒋介石在曾家岩的办公楼官邸常有日机轰炸的安全之忧，因此选择在城外以避空袭，军委侍从室经反复选址，最后出重金从黄云陔手中买下黄氏别墅，此后又在其基础上修建数幢房屋，供蒋本人及宋氏姐妹、孔氏家族和政府要员、美国人员居住，分别有云岫楼、松厅、孔园、松籁阁、云峰楼及美军顾问团居住地莲青楼、马歇尔住地草厅和抗战遗孤学校黄山小学等13处，是国内抗战遗址中最大、保存最完整的遗址群。这批建筑大都掩映在山间丛林之中，依山就势，采用中西合璧式设计，砖混结构，简洁朴实，除蒋介石云岫楼官邸为局部三层外，其余多为一、二层民居式建筑风格，青灰墙面坡瓦屋顶，红棕色木板，简朴素雅，带着20世纪30年代折中主义建筑的风格，具有典型的抗战陪都时期建筑特色，散布于黄山各小山头间。

云岫楼是蒋介石的办公和居住地，坐落于黄山主峰，海拔572.4米，占地面积约167平方米，建筑面积364.5平方米，是一幢中西结合的三层砖木结构小楼。建于20世纪20年代，新中国成立后，由西南军政委员会接管，1952年黄山干部疗养院成立后，一直是该院职工宿舍。1992年4月7日被重庆市人民政府定为"市级文物保护单位"，1993年对外开放。

抗战期间蒋介石、宋美龄大多数时间都居住于此，国民政府的众多抗战最高指令均在这里酝酿和发布。1941年8月30日，蒋介石在黄山官邸召开军事会议，早已获知黄山官邸位置的日军截获了召开军事会议的密电，于是呼啸而至的"神风特攻队"飞机从武昌起飞，目标直指云岫楼，炸弹在云岫楼及其附近爆炸，当场炸死蒋介石随身卫士2人，4人受伤。蒋介石与参会人员镇定自若，进入防空洞，会议照常进行。如今这座见证了重庆抗战风云的领袖居所已经成为所有普罗大众观瞻的寻常之地，20元的通票可以任意进入任何一座曾经的官邸游览。

所有别墅小楼中云岫楼位置最高，需要经过很长一段极为陡峭的石阶攀爬才得以到达。建筑考察组到此地登高时，金磊先生竟再三歇息方走完这二三百级的石阶。楼四周所植树木全为松树，众人拾级而上正逢风起，阵阵松涛，带着浓厚的悲壮与肃杀意味，暑热早化为无形，一身汗水好似冷汗涔涔。石阶尽头为山顶平地，三层楼阁的深色建筑拔地而起，楼踞黄山高处险要之地，独秀于孤峰，四周竹木环抱，位于浓荫之中却并不显眼。顶为人字坡屋顶，基座有通风口除湿，入口楼上有宽大露台正对山下，屋外青石铺地，屋内全木装修，下铺木地板，为除湿保暖需要，房间内设有壁炉取暖。楼下为会议室、门厅和耳房，用于会议和接待，同时供侍卫、佣人居住，二楼为蒋氏夫妇卧室、办公室，楼上为十几个平方米的三面透空玻璃窗楼阁，近处树木，远处长江清晰入目。

室内家具陈设经半个多世纪的风雨早已荡然无存、面目全非，经博物馆人员考察，"整旧如旧"，大致按当时格局恢复旧观，四壁悬以图片，其中有蒋公独照一帧，石阶之上挂杖独行，一袭长衫，步履蹒跚，愁云满布。

离云岫楼山下不远处左行100多米就是宋美龄住处"松厅"。是一座砖木结构的中西式围廊平房，占地面积317平方米，建筑面积347平方米，四周苍松翠柏，枝繁叶茂。门上悬挂着蒋介石亲题"松厅"匾额。秋季时节，门前丹桂怒放，香溢山谷。因其松林拥抱，浓荫蔽日，故而得名"松厅"。松厅建于20世纪20年代，新中国成立后由西南军政委员会接管，原由重庆市黄山干部疗养院管理使用，1992年4月1日被重庆市人民政府定为"市级文物保护单位"，1993年对外开放。

"松厅"面阔5间，通高6米，正房为中式平房，一大二小横列，屋前有垂带式踏道下行。屋基上砌石堡坎用于防潮，屋前有宽大的围廊步道，绕过围廊到右侧屋后，还有小门通往山中小径。宋美龄在此居住期间，经常和二位姐姐一起进城探望空袭受灾的民众，到伤病医院视察，组织战时救济、慈善和后勤事务，还作为蒋介石私人代表前往美国争取援华抗战，取得了外交上的极大支持。

松厅一侧为孔二小姐住宅孔园，是黄山最为豪华的建筑，也是黄山别墅群中最大的一处，达1 135平方米，由于别墅建筑在高大的桂花树群中，故又称"桂园"。孔二小姐在陪都重庆的住所众多，但在此处居住最久。孔园由主楼与附属建筑构成，主楼建于20世纪30年代，是一栋典型的公寓式建筑，一楼一底砖木结构中西式楼房，三面环山，前对坳口，底阔7间，楼上5间，左右对称式布局，砖柱支撑，露台高敞，通高13米，建筑面积528平方米，室内生活

图25.松厅 砖木
结构建筑

配套设备齐全，装饰考究，陈设典雅，精美别致。主楼青瓦灰墙依然掩盖不住富贵景象。附属建筑为坐东朝西的平房，位于孔园主楼5.6米处，建筑面积为185平方米，为侍卫人员和服务人员所住房屋。如今主人不复存，园外树木犹自芳菲，树干的腐殖处长出了丛丛殷红的蘑菇，艳丽非常，殊为吸引眼球。

云岫楼下还有草亭，坐北朝南的土木结构围廊平房，顶上施以进口稻草，是蒋介石接待贵宾的所在地。房子面阔3间，占地170平方米，先后有张治中、蒋经国和美国特使马歇尔入住，并因马歇尔将军居住而命名为马歇尔草亭。草亭以下往右而上是黄山小学，往下则是美军顾问团办公处莲青楼。

黄山小学主要为抗战阵亡将领遗孤开设，国民党名誉主席连战曾在此就读。学校系土木结构平房，面积358平方米。抗战胜利后，黄山陪都建筑移交中国福利院，新中国成立后由西南军政委员组织部使用。1952年黄山干部疗养院成立后，一直为黄山干部疗养院职工宿舍。原屋保存至今，是抗日战争时期文化教育历史的见证。

莲青楼建于20世纪30年代，因楼前建有莲池而得名。莲青楼建在山谷平地处，坐北朝南，一楼一底带屋顶阁楼，为中西合璧式建筑，在黄山众多建筑中最为华贵且最具西洋特色，其建筑面积为617平方米。抗战期间，美军高级顾问团在此居住，经常出入这里的美国高级官员有蒋介石私人顾问威廉·亨利·端纳、参谋长史迪威将军、美国总统特使威尔基、美军顾问团成员飞虎队上校陈纳德等人，集中了蒋介石的跨国援助力量。

除几处最主要的遗址之外，宋庆龄旧居松籁阁、何应钦旧居云峰楼以及空军司令周至柔旧居、侍从室、防空洞等都经过"修旧如旧"的修缮处理，基本维持旧观，以得体的面目展示给公众。整个黄山抗战遗址博物馆不仅将抗战时期最高首脑机关的真实情形进行了复原，同时也将陪都时期中西合璧、简朴实用但又不乏美感的别墅建筑文化呈现在了大众眼前，体现出了这一建筑群独特的历史文化魅力。

考察完整个黄山抗战遗址已是下午4点，建筑考察组计划于下午5：30的飞机离渝，此刻已是该离开的时候。汪山植物园几幢外国使馆建筑和南山后山空军坟的寻访得另待时日了。

告别黄山的烟云往事，带着对山城重庆几日建筑遗迹考察的腿脚疲惫和头脑充实，5位考察组成员匆匆踏上了回京的路途，一路用于品味的除了连日的麻辣之外，更值得咀嚼的是见证这座古老的抗战之城厚重苍茫历史的山地建筑之风。

回顾重庆抗战建筑考察期间所得，较深的体会如下。

（1）重庆抗战建筑相关遗迹量大，较分散，但在几个重要地段相对集中，维护情况良好。市委大院及曾家岩周边建筑群、李子坝公馆建筑群、南山抗战遗迹几大区域建筑密集，各具特色，是重庆抗战时期建筑风格的代表作品。

（2）重庆抗战建筑目前看来主要建筑均修缮维护、管理使用情况较好，这应该与近年来政府的加强"抗战文化"打造力度密切相关。

（3）国民政府办公建筑西洋风格浓厚，名人公馆别墅则大都为中西合璧的折中主义建筑，体现出了浓厚的川东建筑风格和坡地建筑特色，也表现出了不同功能建筑的审美取向。

（4）重庆缺乏对具有深刻纪念意义的小品建筑的关注和维护，主要力量集中在重点建筑群的维护打造上，对处于零散状态下的老建筑相对采取措施较少，缺乏保护力度，在公众文化普及上也不够深入。如何使对这部分体现城市历史文化的宝贵遗产不至于因自然和人力破坏而消失湮灭，以保存城市的记忆，是重庆市有关部门值得关注和思考的问题。

（5）陪都时期建筑设计是我国建筑设计发展过程中的一个高峰，这一时期的建筑在如何有效地做到中西合璧并经济实用上做出了广泛实践，取得了良好的视觉与应用效果，即便不曾拥有现今超高层与新颖奇特的外形，其优秀建筑的地域性标志作用依然很难被取代，如何从这些因素中汲取有益的元素丰富今天的现代设计，也是值得深思的问题。

考察补遗

北京建筑考察组众人行色匆匆，时间有限，山城许多富有代表性意义的建筑未曾考察详尽，为此，得地利之便，我先后走访市区各地，对余下建筑加以走访，以丰富本次考察内容。

一、陪都各国使馆建筑及抗战国际合作见证

1941年12月7日太平洋战争爆发；12月9日中国政府在重庆正式对日宣战，同时宣布对德国、意大利两个法西斯轴心国处于战争状态。1942年1月1日，美、英、苏、中四国代表首先在美国总统罗斯福的书房正式签署《联合国家共同宣言》，中国同其他三国并列于宣言之首，成为全球反法西斯战争同盟国四强之一；1月2日，同盟国中国战区统帅部在重庆成立，负责指挥中国、越南、缅甸、马来西亚等国家的同盟军作战，重庆由此成为世界反法西斯战争同盟国在远东的指挥中枢。

重庆此时被称为战时"四大名都"，与莫斯科、伦敦、华盛顿相呼应，在共同抗击法西斯侵略的同时也广泛开展国际交流，与同盟各国频频进行政治、军事、经济、文化交往，当时驻重庆的外国大使馆和公使馆多达30余个，40多个国家在重庆设立外事机构，这一时期是重庆开始进入世界舞台、在国际上树立威望之始，是重庆从此世界闻名的发端。抗战期间，各国使馆的工作人员们和重庆人民一道经历了日寇的疯狂轰炸，也充分见证了中国人艰苦卓绝共赴国难的不屈与伟大。已故著名时评家徐盈在《重庆——世界与中国的名城》一书中写道："四方仰望着的重庆，实在已逐渐成为中国的心脏与脑髓，堪为中国的政治、经济、文化的中心地带……吸引着四万万五千万人民的思想、感情与意志，将他有强力的电波，指挥着全国……肉眼看不出的潜力，习俗中找不出的坚毅，都在全世界的隆重赞叹声中，走上了命定的光荣之途。重庆带上了伟大的花冠。所有的中国人注视着它，所有的中国人向往着它，这是我们无可再退的堡垒，这是我们的耶路撒冷……这个首都，在抗战中，爬上了东亚政治的最高峰，开罗会议是到了荣誉的顶点。国际人士来的，一天比一天多起来，一切评论的对象，都集中在中国的代表者——重庆。"

重庆建立各大使馆不仅是对所有反对法西斯势力的团结，同时也是对中国抗日争取国际力量援助，并对其他国家的抗战进行支持。这些伟大的历史功绩在显存的历史老建筑遗迹中得到了充分保留。

1. 鹅陵公园及附近各国大使馆建筑群

鹅岭公园中现在完好保存着澳大利亚大使馆、土耳其大使馆和丹麦公使馆等旧迹，附近还有美国大使馆及枇杷山苏联大使馆等建筑遗址。

图26.澳大利亚大使馆

澳大利亚大使馆

澳大利亚驻中国大使馆位于鹅岭公园内，为一栋两层小楼，底楼有一过厅和5间办公室，下铺地砖。二楼有一间大会议室，5间小办公室。当年的大使即在二楼办公，透过窗户，抬头就能看见长江。这是澳大利亚驻中国的第一个大使馆。目前鹅岭公园管理处办公室设在这里，蒙澳洲政府捐资修缮后基本保持了当年旧貌。

土耳其大使馆

土耳其大使馆所在地不知何故,向来重门深锁,但朱红色的大门非常招眼,使馆为一平层小屋,从门窗形迹看来曾经为办公楼之用,目前已废弃。丹麦公使馆与土耳其大使馆在同一院落中,同为一排简朴的平房,极为平淡不起眼,不经意间就会错过。此二处均无任何文字说明。

图27.土耳其大使馆

美国大使馆

美国大使馆在市急救中心医院内部,资料显示原为二层小楼,廊前有4根高大的红柱支撑,有造型简约的山花,整个建筑有一定的气度。1938年8月美国使馆迁至重庆,作为美国支持中国抗日的历史见证,驻华大使从高思到赫尔利,中国战区美军总司令兼中国战区总参谋长从史迪威到魏德迈,总统特使威尔基、马歇尔,副总统华莱士都在此一一亮相。这幢具有深远意义的建筑于2007年被立项予以拆除,如今只剩下一个巨大的深坑。

图28.美国大使馆

苏联大使馆

各国使馆中修建最为大气,保存最完好的当属苏联大使馆,如今该馆位于枇杷山正街市第三人民医院内。这是一幢设计思维非常奇特和古怪的建筑,青砖旧瓦的四层楼粗粗看来属于仿巴洛克式,在大小露台与拱券廊柱、穹顶条形窗的结合中却又有突兀地运用了坡屋顶、亭阁,石堡坎下设防空洞,四个立面均不对称,一切可以找得到的欧式建筑元素这座楼都具备,多种复杂的造型共同组成了这座大使馆。1941年在大轰炸中被击中,塔斯社办公处大门被炸塌,此后大使馆在南山建立了新办公地点。

2、 南山汪山大使馆建筑群

南山汪山即为今南山植物园,为避日军空袭而迁址于此的各国大使馆散布在这一代。苏联大使馆自遭市区轰炸之后就搬迁到此。大概是沿袭了市区的建筑风范,南山的苏联大使馆依然是此地各国大使馆中最显眼的,底层为地下室,以条石铸就,上为二层砖木结构房,依旧是各个立面不对称,造型变化多端,拱形窗、条形窗、圆窗不一,坡屋顶、平屋顶共存,反映出苏联人不同的审美情趣。目前经过修缮之后被用做景区招待所。

图29.南山苏联大
　　使馆
图30.法国大使馆
图31.西班牙大使馆
图32.印度大使馆

　　与之相邻的法国大使馆、印度大使馆和西班牙使馆要简朴得多。法国大使馆
外形朴素得完全与市区公寓别无二致，二层砖木小楼，坡屋顶而已。印度大使馆
为尼赫鲁曾居住处，外带宝瓶式低矮围廊，前有条石砌成的花台。西班牙使馆造
型稍显活泼，带有地中海式建筑的门窗设计是最大亮点。这些旧使馆建筑经过
修缮之后现在分别用做植物园标本馆、图书馆和博物馆等使用。

　　3. 苏军墓与空军坟

　　作为世界人民联合反法西斯战争的友谊见证，鹅岭公园苏联军官烈士墓与
南山空军坟是最好的例证。

　　《重庆通史》记载，从1938年到1940年，苏联先后不带任何附加条件地给
中国贷款4.5亿美元，并将贷款折为中国军队急需的飞机、坦克、大炮等物资运
到中国，先后派出1 000多架飞机和2 000多人的航空志愿队来华帮助作战，其
中近200人壮烈牺牲，鹅岭公园苏军烈士墓里埋葬的就是在保卫重庆空战中牺
牲的苏军上校军官托尔夫和卡特诺夫。墓占地150平方米，沿数级台阶而上，8米
高的宝瓶形墓碑耸立。墓碑基座上以中苏两国文字表明墓碑名，上为柱状墓碑，

顶端以云纹装饰，上部有镰刀锤子的党徽浮雕，庄严肃穆。

南山后山空军坟原葬阵亡烈士242位，长眠其中的战士均为令日本人闻风丧胆的"飞虎队"队员，国籍包括中、苏、美三国。随着墓地久无人看顾，多年以来逐渐荒芜，有的已被后人陆续迁走，现存168位。我当日在史迪威博物馆搜集资料，适逢四川美院雕塑家王观义老先生亦在此查询资料，谈及空军坟一事，方知南岸区对这一历史遗迹开始重视，并计划重修空军坟，塑浮雕以志，深感欣慰。时至今日，空军坟业已修缮完毕，自空中俯瞰为一战机形状，烈士深色墓碑安放于草坪之中。如此维护，与前日之破败成云泥之别，方足以告慰英灵。

图33.苏联军官烈士墓

4. 中苏文化协会旧址

中苏文化协会旧址位于中山一路，目前是一所破败不堪、处于废弃状态的建筑。中西合璧的三层小楼平面呈"L"形，拱形外廊开敞通透，1937年迁到重庆后成为中国与苏联文化界的交流纽带，推动了两国战时文学的发展，举办了文化界一系列重大纪念和展出活动，同时也是中共南方局领导下进步人士的活动场所。现今数根砖柱撑起的夹皮墙灰浆脱落，泥泞不堪，在四周现代建筑环抱之中摇摇欲坠，处于濒危状态。

图34.中苏文化协会旧址

5. 大韩民国临时政府旧址

渝中区七星岗莲花池38号有大韩民国临时政府旧址，临时政府于1919年4月13日在上海成立，1932年4月29日发生尹奉吉义士在上海虹口公园的义举之后日方加重压迫、疯狂追捕，临时政府只得离开上海，经杭州、嘉兴、镇江、广州等地，于1940年到达重庆，先后在重庆杨柳街、石板街、吴师爷巷办公，最后迁至七星岗莲花池38号。大韩民国临时政府是一个在中国长期坚持反日独立运动的流亡政府，为二战时在中国境内唯一的外国流亡政府，临时政府旧址以七星岗莲花池38号保存最为完好。

图35.大韩民国临时政府旧址

此地一色的青砖小楼，为中西合璧式的长方形三合院，建筑面积约1 500平方米，有70多间房屋，从长长的石梯往上分别是临时政府的最高机构政议院的会议室和外务部办公室，然后是内务部、外宾接待室和财务部，最高处是外宾宿所和主席秘书室。此处保存维护状况很好，不时有韩国人来此造访，致敬默哀，肃穆虔诚。大韩民国临时政府旧址已经成为中韩文化交往的一扇窗口。

二、陪都名人旧居

陪都时期随政府迁至重庆的要员、名流、学者众多，在物质匮乏的抗战时期，他们共赴国难，在同一片天空下共度艰难时世，他们在这一时期居住过的房屋也成为特殊的历史痕迹，记载着私人化的深刻记忆。我为此先后踏访北碚、巴南和市中区具有代表性的三个名人旧居——梁实秋雅舍、孙科圆庐、林森听泉楼，也算是对重庆从南到北抗战私人宅邸的一次考察。

雅舍——位于北碚，是著名作家、翻译家、教育家梁实秋先生抗战时在北碚的居所。房舍为梁氏与好友吴景超合买，以吴夫人之名命名，以便于邮递通信。梁实秋在此居住7年，为重庆报纸写专栏"雅舍小品"，并于此地完成若干翻译著述。梁氏去台湾之后，以小屋为名写下《雅舍》系列，盛名见于海内外，北碚旧居亦因此而声名远播。原屋已毁，现在梨园村49号原址上依样重建。旧居极为简单朴素，砖柱篾墙，涂以白灰浆即成，为典型的抗战时期标准适用房，复建后立

图36.雅舍大门，建于20世纪30年代

于峭壁上的雅舍精致漂亮了许多，黄桷树掩门，瀑布般的迎春花垂挂于山崖上，衬托出绿漆大字"雅舍"，充分流露出细腻的文人情怀，少了旧日的艰苦寒酸，多了诗情画意。

圆庐——为国民政府立法院院长孙科住宅，主要功能是跳舞厅，为著名设计师杨廷宝设计，投合孙科夫人蓝妮之好。建筑体型为圆形，故称"圆庐"。圆庐位于嘉陵江岸，原来可以俯瞰无边江景的建筑，如今早被四周林立的高楼阻隔，建筑造型简洁流畅，别具匠心，形如一枚大勋章，为砖石结构，条石、青砖、旧瓦将新奇的制式演绎得极具匠心，大圆屋顶有如伞盖，同圆心的二层楼其形仿若碉堡，墙上开窗，内设舞池，自然光线穿透顶层小楼直射底楼，形成特殊的光影效果，底楼有精心处理过的管柱连接顶层，用于除湿通风，保持舞池空气清新。底楼

图37.圆庐，砖石建筑，杨廷宝设计

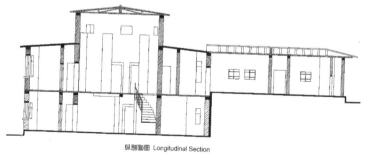

纵剖面图 Longitudinal Section

图30-2.圆庐剖面图.建于20世纪30年代

的圆形舞池四周分隔为扇形小屋,专用于跳舞换衣服,十分考究。时至今日我们也很难看到这样将功能性与审美结合得如此之完美绝妙的建筑。圆庐在新中国成立后成为印染厂的职工宿舍,圆形构造对小老百姓居家而言实在是很不合用,住户因地制宜将舞池改作了公用厨房,暗黄的油污一直糊到屋顶,经过多年烟熏火燎地使用,已经几乎看不出舞池的样子。

图38.听泉楼

听泉楼——国民政府主席林森别墅。陪都先后有过四处林森旧居,从李子坝官邸、歌乐山避轰炸别馆到长眠之地林园,林森最钟爱之处就是这巴南花溪河畔的听泉楼。尽管甚为厌恶近在咫尺的邻居孔祥熙家族,但还是没有妨碍到林森对听泉楼的喜爱,他亲自查勘风水,精心布置这远离城市喧嚣的居所。楼房与花溪河仅隔了条河滨公路,下为黄葛古道,少有车行,水流悬瀑轰鸣,声声入耳,愈发显得幽深,所以被命名为听泉楼。小楼一面靠山,三面为绝壁,不设围墙,屋顶单檐歇山,素面青瓦,墙面青砖勾缝。二楼一半被辟为轩敞的大露台,视野因此极为广阔,凭栏遥望,山风徐来,南泉花溪风景一览无余,是修身养性的大好所在。

听泉楼有800多平方米,15个房间,大到观景露台、休憩小花园,小到屋中储藏室、花窗、过道装饰无不设置精当,重庆气候多湿热,每间房中都配备了壁炉,天花板上有精细之极的浮雕刻绘,大都是梅花鹿、寿桃、蝙蝠图案,取其福寿祥瑞之意。楼下大条石铺就的地下防空洞坚固干燥,拱券相连,采光较好,可供人弯腰穿行其中,设计考虑很周详,既是坚固的屋基支撑,又无须另辟空间,躲避空袭非常方便。旧居一直都被完好保留着,没有多大的变动。近些年一度被丹阳外国语学校借用做教室,过后学校停办,听泉楼就一直处于废弃状态,无人看顾,任凭人进出。

三、 陪都大轰炸遗迹

抗战时期重庆遭遇的最大劫难就是来自于日寇的空袭。嚣张的日军攻占武汉之后,以此作为空军基地,伺机轰炸陪都,实施"以炸迫降"战略,企图以空中打击击溃国民政府,大肆轰炸重庆。史料统计:1938年至1943年间日机空袭重庆(含对空监视范围)203次,出动飞机437批,9 166架次,炸、焚毁房屋17 452幢,37 182间,造成人员伤亡2.5万余人。其间的1941年6月5日晚,24架日机分三批偷袭重庆,在5个多小时的疲劳轰炸中,渝中区十八梯、石灰市和演武厅(现磁器街)三段防空隧道内,发生了震惊中外、惨不忍睹的避难民众窒息、践踏惨案,造成人员伤亡2 500人左右。面对凶残日寇犯下的滔天罪行,不屈不挠的重

图39.大轰炸遗址

图40.仁爱堂 (1)，砖石结构,1900年建

图41.仁爱堂 (2)，法国技术人员设计

图42.消防人员殉职纪念碑

庆人民经历了无数次生死考验，也留下了血泪斑斑的众多大轰炸相关遗迹。

大轰炸遗址——位于繁华的较场口磁器街街头，条石新砌成的围墙之下遮蔽着当年的防空洞入口。1941年6月5日夜晚，在日寇轮番疯狂轰炸下，躲避空袭进隧道的无辜民众因缺氧而奔走，却由于隧道入口封闭不得外出而导致窒息、踩踏，死亡数千人，尸体堆积如山，惨绝人寰。近年在当时狭小阴暗的隧道口上修建了大轰炸遗址，为石构平顶建筑，顶上有刻画大轰炸惨状的群雕和"1941年 6·5"字样，以警后人。

仁爱堂医院——位于"6·5"大轰炸惨案地之一十八梯不远处高坡上，是个比较不起眼的建筑遗迹，原本此地为法国教会医院，十八梯惨案发生后重伤者均被送到医院进行救治。仁爱堂神父因新中国成立后参与阴谋破坏活动被捕，此地便逐渐荒芜破败，旧址20世纪80年代划还天主教会改建用做养老院，原址仅存一坍塌塔楼，仿罗马式建筑痕迹依旧，其暗淡落寞之境与大轰炸之惨烈相暗合。

消防人员殉职纪念碑——位于渝中区人民公园，在长达5年半的残酷轰炸中，每次灾祸来临消防人员就迅速行动，舍生入死保护民众，奔走于火海，这座全国仅有的一座消防人员纪念碑就埋葬着81位消防人员的英灵。纪念碑座7.34米，底座高0.64米，整座碑高近8米。碑正面镌"重庆市消防人员殉职纪念碑"12个大字，整体仅以简单线脚装饰，碑体下部刻有碑文，不过随着时光流逝，碑文已遭到不同程度的损坏，但依稀可以辨认，碑文说消防队员"功与前方抗战将士同"的结论是对消防人员英勇之举的高度肯定。

跳伞塔——位于市中区两路口，是面对日军轰炸国民政府不愿束手待毙，奋力予以反击的见证。塔由建筑大师杨廷宝设计，1942年4月4日完工，是当时中国乃至远东地区最高、设备最好的跳伞塔，其主要功能是为抗战培训飞行员，作为一个时代的特殊建筑，跳伞塔也是抗战时代和精神的象征，也是老重庆具有代表性的标志建筑。跳伞塔远望形如灯盏，为钢筋混凝土结构，通高38米，跳距28米，底部直径3.35米，顶部直径1.52米，圆锥形砖塔上三悬臂支架现已拆除，内设旋梯。中国最早的滑翔跳伞员在此训练跳伞，塔成之日的庆祝大会上陈立夫亲为致辞，并撰写《陪都跳伞塔记》，镌刻塔下为纪念，现已无存。几十年过去，跳伞塔从空军训练场所变为儿童游乐场，再到废弃，现今跳伞塔位于大田湾大拆迁的工地现场中，四周旧房已拆得面目全非而塔始终得以保留，想来离修缮再建之日也应该不远。

四. 陪都文化教育建筑

抗战时期政府西迁，大批教育机构也随之迁到重庆，极大地充实了重庆的文化教育，成为重庆高校教育的高峰，为此后重庆教育的发展打下了雄厚的基础。沙坪坝、白沙坝和夏坝成为战时高校的集中地，享有大后方"文化三坝"的美誉。沙坪坝因为中央大学的迁入而打下了雄厚的文化底子，直到今日也被称为重庆的文化区，在此繁衍兴盛的"沙磁文化"成为抗战时期文化鼎盛发展的代名词；而白沙坝则为今日西南大学之发轫奠定了基础。

图43.跳伞塔

沙坪坝·重庆大学——位于沙坪正街。1939年中央大学自南京内迁，重庆大学慷慨接纳了中央大学的进驻，两校同享师资，共用校园，同舟共济，结下了不解之缘。在渝期间，罗家伦、顾孟馀、顾毓琇、吴有训先后担任中央大学校长，其间蒋介石还兼任了为时几个月的校长。尽管办学条件艰苦，师生依然冒着物质匮乏、敌机轰炸的威胁治学求学，谱写了中国教育史上的奇迹。作为这一时期的特殊见证，在重大校园内松林坡一带还保留着中央大学抗战迁渝纪念亭、刻在花岗岩石碑上的"中央大学迁渝记略"碑文和原台湾大学校长虞兆中院士设计的七七抗战大礼堂。大礼堂设计修建于物资极度匮乏之时，学生入学考试、办理报到手续，以及展览、抗战戏剧演出、听名人讲演等都在这里举行，要节约材料并保证使用空间足够容纳一二千人的使用，是对设计者的充分考验。目前保存下来的七七抗战大礼堂久经风雨，已经显出破败景象，如今只有从侧面的一排房屋中感受得到一点当年的影子，礼堂原有的高大的台阶，主楼的坡屋顶，三个入口，拱形窗的设计随着四周建筑高楼的修建被遮蔽，当年的威严气势已经很难寻觅得到了。

图44.重庆大学工学院，石构，1935年

抗战期间重庆大学自身也不断发展，由国民政府主席林森题写的校名镌刻在学校正大门的几尊拙朴的青色石柱上，与

图45.工学院局部，税西恒设计

图46.复旦大学旧址

图47.复旦大学孙寒冰墓

"耐劳苦、尚俭朴、勤学业、爱国家"的校训辉映。重大目前有B区、C区及虎溪新校区等若干分部，但在所有校门中没有哪一个校门可以在风格与气韵上可同这一老校门比肩。校内保存完好并一直在使用的理学院大楼（现为人文学院大楼）及工学院大楼（现为资产管理处），一古典一西化，各具情态。

夏坝·复旦大学——位于北碚东阳镇。"八一三"淞沪抗战失利日寇攻占上海后，复旦校舍被毁，师生被逼先迁南京，后迁重庆，1937年由陈望道选址北碚东阳镇夏坝为新校址。八年抗战期间，鲜为人知的夏坝成为与重庆沙坪坝、成都华西坝并驾齐驱的战时后方文化民主的"三坝"之一，有"小延安"之美誉。如今复旦大学主体建筑仍存，坐落于夏坝中部后侧面，临江而建，以老校长李登辉之名命名的礼堂"登辉堂"系复旦大学迁建时修建的第一幢建筑，一楼一底的砖木结构，承袭川东建筑之风，大略有西式建筑山花之行藏暗蕴其间，朴素庄重，非常得体。校园后有大轰炸中惨死的孙寒冰教授之墓及《复旦大学师生罹难碑记》。

白沙坝·川东"学生城"——白沙位于重庆江津，是因水码头而兴盛之地，为川东、川南一大水路要津，川黔滇驿道上重要集镇。此地文风昌盛，清代就有著名的聚奎书院在此创立，抗战全面爆发后，重庆女子师范学院迁于此地，此后川东师范亦迁入，1940年9月20日全国唯一最高女子学府——国立女子师范学院在白沙新桥开学，此外中山中学，国立江津师范等大中学校相继搬迁或建立，与本土学校一道繁荣，白沙成为名副其实的"学生城"，国立中央图书馆、国立编译馆也搬迁至此，一时间白沙小镇成为川东文化重镇，引来众多教授、学者、文学家、艺术家和社会名流人文荟萃。现今可探访到的遗迹有位于聚奎中学校园内的白沙大讲堂"鹤延堂"和骠马岗新本女子学堂（白屋文学院）等，前者为占地1 500平方米的罗马剧院式礼堂建筑，保存完好，有二层舞台，风格独特，陈独秀生前最后一次演讲即在此举行；后者办公楼维护使用情况上佳，为色彩鲜艳的仿殖民式建筑，四面券廊，古典雅致，现为重庆工商学校办公楼。

五、 陪都剧场建筑

抗战期间聚集重庆的艺术团体以话剧演出等形式为抗战作宣传,号召民众团结抗日,为抗战胜利提供了强有力的精神支持,在重庆乃至中国的文化发展史上留下了浓墨重彩的一笔,曾经荟萃芳华的老建筑留下了他们昔日活动的轨迹。8年时间,重庆发展成为大后方戏剧运动的中心,大批知名的老作家、名导演、名演员云集重庆,话剧运动形成了空前的高潮,"雾季公演"成一时之盛。当时整个重庆抗战剧场竟多达26个,但到如今仅剩下抗建堂与国泰大剧院二处。值得一提的是郭沫若偏爱将新作拿到国泰演出,因为是国民党高层出入集中地,是对敌斗争最前线;而抗建堂则主要是进步文艺界集会的重要场所,各具特色。

抗建堂——位于渝中区观音岩纯阳洞13号。1940年4月,政治部第三厅厅长郭沫若兼任中国电影制片厂所属的中国万岁剧团团长后,决定新建话剧剧场以解决当时重庆戏剧界名家荟萃而剧场奇缺的困难,名导演史东山的夫人华旦妮具体负责改建,用"抗战建国"口号,取名为"抗建堂"。抗建堂建成后,为上演进步话剧和进步文艺界集会活动做出了重要贡献。从1941年4月至1945年,共上演了33出大型话剧,成为中国话剧的黄金时代。《北京人》《棠棣之花》《风雪夜归人》等都属一代名剧。"抗建堂"高耸于观音岩街边,哥特式高窗,坡屋顶,非常有气势,与现今周围的高楼大厦相比也毫不逊色,在大轰炸中居然奇迹般得以保存,新中国成立后,剧场改名为红旗剧场,1986年变成舞池,2000年9月,市政府列为市级文物保护单位,随着多年来话剧演出的没落早早淡出人们的视线,在满大街的车水马龙之中湮没在申银万国证券、渝中区会计函授学校和舞厅招牌之中,已经无法引起人们更多的注意。

国泰大戏院——位于渝中区解放碑商圈内。1937年2月落成揭幕,为四层楼高的弧形建筑,剧院内楼下有1 500个铁背靠椅座位,天花板上挂着6个磨砂大吊灯,摩登至极。抗战时重庆作为大后方戏剧运动中心,大批知名老作家、名导演、名演员云集,堪称"梦幻阵容",剧作家有郭沫若、田汉、夏衍、洪深、老舍、曹禺,导演有焦菊隐、应云卫、孙坚白,知名演员则有赵丹、白杨、张瑞芳、舒绣文、秦怡、项堃、王苹等。大轰炸时期曾一度见证日寇暴行,满座观赏演出的民众葬身火海,是一场极

图48.抗建堂,建于1940年

图49.国泰大剧院资料图片,砖木结构,1937年2月落成,原为东方营造厂设计施工,1952—1953年拆除改建,设计师叶仲矶,今复拆除

为惨烈的人间悲剧。这一带着时代烙印的文化建筑在新中国成立后和"文革"期间,先后改名为和平电影院和东方红电影院。进入20世纪90年代后管理不善,靠微薄的低票价吸引观众,2009年前已予以拆除,北京院崔恺先生设计的全新国泰艺术中心不日就将建成,曾经的国泰剧院和剧院内保留的旧时剧作家、明星郭沫若、白杨等人的手印一道只有成为记忆了。

六. 陪都红色建筑

抗日战争进入相持阶段时,周恩来奉中共中央命令来到重庆,建立南方局和八路军办事处,开始在国统区建立党的指挥中心,从1939年到1946年的几年时间中深入发展大后方群众,建立加强共产党组织,维系国共合作,争取抗战胜利,推进中国政治民主建设和社会进步,在周恩来的领导下,中共中央南方局成为中共在国统区统一战线的中流砥柱,大后方民众也正是从周恩来和南方局的工作中信服了中国共产党。《新华日报》、南方局、八路军办事处等先后在市中区、化龙桥一代留下了当年艰苦奋斗的旧迹,其中曾家岩、红岩和虎头岩三处被称为"红色三岩"。

《新华日报》营业部旧址——位于重庆市渝中区民生路240号。1940年8月,原设在重庆西三街12号的《新华日报》营业部被日机炸毁,通过各种关系,《新华日报》租下了这栋位于当时重庆"文化街"上的三层楼房作为营业部门市和办公用房,于同年10月27日迁此对外营业和办公,一直到1946年2月22日被国民党特务暴徒捣毁为止。楼建于20世纪30年代,建筑面积274平方米,营业部大门上方和正面墙体上,分别砌挂着由国民党元老于右任题写的"新华日报"四个大字招牌。底楼为营业部,面积约60平方米。二楼是营业部办公室,营业部的图书课、广告课、发行课和邮购课等部门都在这间屋里办公。"皖南事变"后,由于国民党白色恐怖加剧,为了方便与陪都各界进步人士的会见和晤谈,周恩来、董必武等南方局领导人常常在营业部二楼会客室与国统区有关各界人士、各民主党派负责人秘密会晤和交谈。三楼是《新华日报》社长潘梓年在城内的办公住宿用房和报馆记者临时住房及营业部工作人员、报丁报童住房。《新华日报》营业部在此战斗近6年,共发行各类进步书刊数千种,为中国共产党在抗日战争时期和解放战争初期的舆论宣传事业做出了巨大贡献。现在这幢深灰色小楼完好地保存在街边,作为全国重点文物保护单位,供人们观瞻。

红岩村——位于渝中区红岩村52号。因为地处市郊化龙桥红岩嘴而得名,

1939年"五·三"、"五·四"大轰炸后,《新华日报》馆被炸毁,南方局急需寻找新的办公地点,农场主人饶国模无偿将红岩嘴的土地提供给八路军办事处使用,共产党人在此修建了办公楼、托儿所、礼堂等建筑,在这片农场土地上继续积极开展工作,促进国共合作,推进全面抗战。后此地统称红岩村。今所有建筑遗迹保持完好,是重庆市开展爱国主义教育的重点基地。

图50.红岩鸟瞰,建于20世纪30-40年代

七.陪都社会文化建筑

罗斯福图书馆—— 位于渝中区两路口。罗斯福图书馆是国民政府为纪念在世界反法西斯战争中做出重大贡献的美国总统罗斯福于1947年设立的,是当时中国仅有的五个国立图书馆之一,也是中国唯一一个以外国总统名字命名的综合大型图书馆。图书馆被指定为联合国资料寄存馆之一,定期邮寄资料。作为我国保藏联合国资料最早的图书馆,在联合国资料、抗战版图书资料、古本善本图书的收藏中富有盛名。新中国成立后,罗斯福图书馆更名为"国立西南人民图书馆",1955年5月,国立西南人民图书馆、重庆市人民图书馆、重庆市北碚区图书馆三馆合并,组成"重庆市图书馆";1987年,更名为"重庆图书馆"并沿用至今,2007年新重庆图书馆在沙坪坝落成后迁往新址,而当年罗斯福图书馆旧址仍保留在两路口,三层楼的米色平顶西式建筑,正立面入口凸出,两根立柱贯通三层楼,历经风雨显得陈旧,所幸尚不算破败。

图51.罗斯福图书馆,建于1947年,基泰公司设计

棫园(中华全国文艺界抗敌协会旧址)—— 位于渝中区张家花园65号附2号。棫园原为富豪私邸,川军师长王缵绪以建学校培养军政要员子女名义购买,组建重庆私立巴蜀学校。1938年8月武汉沦陷前夕,"文协"迁到重庆,巴蜀学校的宿舍 "棫园"就租借给中华全国文艺界抗敌协会,掀起了抗日文化运动的高潮,成为共产党人宣传自己主张的重要战场,周恩来曾多次在"文协"院内和巴蜀校园演讲,感召了无数青年人投入革命。原建筑已毁,现仅存大门和内嵌的四根罗马风格砖柱。

解放碑——重庆地标性建筑,位于解放碑商圈正中,先后被称为精神堡垒、抗战胜利记功碑和人民解放纪念碑,分别记录了不同历史时期的经历。

为动员民众抗日，国民政府迁到重庆后精神总动员促进会决定在市中心繁华地段修建象征抗战到底决心的建筑物，1941年12月30日竣工，定名为"精神堡垒"。堡垒为四方柱体形状，底座为八角形，顶端为城垛样式，上部以新生活运动会徽标记装饰，柱面朝民族路一方题有"精神堡垒"四字。"精神堡垒"为木质结构，外

图52.棫园——中华全国文艺界抗敌协会旧址

图53.抗战胜利纪功碑设计：建筑设计黎伦杰、唐本善、张之蕃、郭民瞻；土木工程师：李际苿，电器设计师：李中岳；后在不同时期有所改建

涂水泥筑成，在日寇轰炸中被炸坍。1945年抗战胜利后决定在原址上修建"抗战胜利纪功碑"，1947年10月10日落成，纪功碑通高34.5米，为柱状盔顶钢筋混凝土结构，分碑座、碑身、标准钟、瞭望台、警钟、灯光照明、纪念钢管（内附设计图图样和有关人员签名，以及当时文化产物、名作、报纸、邮票等物）、风向器及方位仪等8个部分，碑正面朝向民族路，镌刻"抗战胜利纪功碑"7个鎏金大字，碑座有石碑8面，铭刻国民政府明定重庆为陪都文件全文等内容。

重庆解放后，1950年7月7日，重庆市人民政府布告，改"抗战胜利纪功碑"为"人民解放纪念碑"，在新中国第一个国庆日由西南军政委员会主席刘伯承题写

图54.《陪都十年建设计划草案》中修复的抗战胜利纪功碑图，1946年

新碑名，改建后原有碑文无存，装饰图案改为人民解放军战士形象，多年后经直辖市政府维修整治，以花岗石取代碑基座磨石，花圃围绕，立体华灯装饰，整体经过清洗粉刷之后以明快、亮丽的面貌与商圈购物广场融为一体，成为新重庆新时期发展的见证。

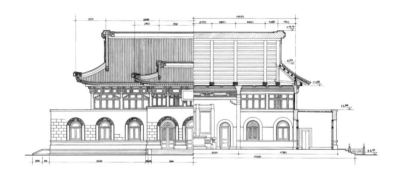

南方七省市抗日战争史迹建筑考察纪略

殷力欣

图1.上海淞沪抗战旧址——吴淞口战场（殷力欣摄）

引子

抗日战争——一段中华民族五千年文明史上全民动员抵御外侮的最为悲壮的惨烈兵燹，一段四万万炎黄子孙团结一心涅槃凤凰般走向民族伟大复兴的光荣历程——尽管其硝烟散尽已达65周年，这场交织了全民族的屈辱、悲壮、坚韧、光荣，并寄托着民族的理想和希望的战争史诗，仍然时时刻刻萦绕亿万国人之心，引发后人从这份沉重得令人窒息的历史陈迹中思考大千世界的过去、现实和未来。作为记录着工程技术水平与历史文化内涵的形式载体，抗日战争期间的历史建筑也是抗战文化遗产的重要组成部分。

自2005年9月28日以来，建筑文化考察组对此课题进行了为期共5年的实地考察。现将历次考察记录如下。

（1）2005年9月28日，金磊、刘锦标等考察北京顺义焦庄户地道战遗址。

（2）2006年6月4日，金磊、刘锦标等考察四川大邑县建川博物馆。

（3）2006年6月28日，金磊、刘锦标等考察北京门头沟马栏村晋察冀挺进军司令部旧址。

（4）2006年8月20日，金磊、刘锦标等考察沈阳918历史博物馆。

（5）2007年11月16日，金磊、刘锦标等考察旅顺苏军烈士陵园。

（6）2007年7月7日，北京抗战历史建筑考察。考察组成员：金磊、殷力欣、刘锦标、温玉清、陈鹤等5人。主要考察内容：北京西郊卢沟桥及宛平城。此次考察附加内容一项：周口店北京人、山顶洞人遗址考察。

(7) 2008年10月至2009年4月，考察中山纪念建筑共计10次，其中有二次考察涉及抗战历史建筑，计3处：南京中山陵园之日军暴行见证物——奉安大鼎、桂林石屋等；灵谷寺内之第十九路军、第五军淞沪抗战阵亡将士公墓及纪念碑；广州中山堂——日军暴行见证物及侵华日军广州受降地。考察组成员：金磊、殷力欣、周学鹰、刘锦标、傅忠庆、刘江峰、陈鹤、柳迪等8人，先后得到江苏省文物局、南京中山陵园管理局、广东省文物局、广州中山纪念堂管理处和南京城市建设档案馆等的协助。

(8) 2009年7月25—28日，重庆抗战历史建筑遗址考察。考察组成员：金磊、殷力欣、韩振平、刘锦标、陈鹤、舒莺等6人。主要考察内容：重庆市黄山抗战遗址、合川钓鱼城建筑遗址、万州抗战建筑遗址等20处遗址。此行得到重庆市建筑设计院李秉奇院长的全力协助，重庆院舒莺女士加盟为建筑文化考察组成员。

(9) 2009年11月30日，《建筑创作》杂志社暨建筑文化考察组第一次云南考察。考察组成员：金磊、刘锦标、刘江峰、陈鹤、柳迪、王新斌、王珅等7人。主要考察内容：腾冲国殇墓园等。此行得到国殇墓园文物管理处的协助。

(10) 2009年11月27—29日，第一次湖南抗战历史建筑考察。考察组成员殷力欣。主要考察内容：长沙岳麓山忠烈祠、第七十三军公墓及纪念碑、中山亭、南岳忠烈祠、南岳军事会议旧址等5处。此行先后得到《潇湘晨报》社邹容女士、南岳区文物局刘向阳副局长等的协助。

(11) 2009年12月11—13日，第二次湖南考察。建筑文化考察组成员：金磊、殷力欣、韩振平、刘锦标等4人。主要考察内容：长沙岳麓山忠烈祠、第七十三军公墓及纪念碑、南岳忠烈祠、南岳军事会议旧址、圣经学校、衡阳抗战胜利城、陆家新屋、石鼓书院等8处。此行得到湖南省文物局、衡阳市文物局、南岳区文物局的协助。

(12) 2010年1月17—20日，第一次上海、浙江考察。考察组成员殷力欣。主要考察内容：上海淞沪抗战旧址、浙江杭州钱塘江大桥、宋殿村千人坑遗址、宁波戚家山、招宝山、白峰镇等6处。此行得到杭州高新公共设施管理有限公司俞建岗总经理的私人资助。

(13) 2010年2月18—24日，第二次云南考察。主要考察内容：昆明胜利堂、西南联大旧址、富源县中山礼堂等3处。此行系建筑文化考察组成员殷力欣利用春节假期所做自费考察。

(14) 2010年3月31日—4月7日，湖北考察及第三次湖南考察。考察组成员：金磊、殷力欣、周学鹰、韩振平、刘锦标、柳迪等5人。主要考察项目有湖北省9项14处：武汉八路军办事处、新四军军部旧址、苏联空军烈士陵园、武汉外围防御工事

（6处）、国民政府军事委员会、郭沫若故居、周恩来故居、表烈祠、第六战区受降堂等。湖南省16项24处：常德第七十四军五十一师阵亡将士公墓及纪念碑、军事工事（3处），溆浦县龙潭镇第七十四军阵亡将士公墓及纪念碑、第四方面军战地医院、芷江日军投降洽降地、芷江机场、抗战胜利坊、洞口县第十八军、七十四军阵亡将士公墓及纪念碑，武冈黄埔军校第二分校中山堂、战地医院等，南岳忠烈祠及周边阵亡将士公墓（6处）、纪念碑、游击战训练所旧址等，长沙市湖南大学教学楼（第四方面军受降地）、天心阁、中山亭等，共计抗战史迹38处。此行得到湖北省文物局、湖南省文物局、常德市文物局、芷江市文物局、武冈市政府、南岳区文物局等各级文物部门的协助，湖北文物局陈飞、湖南文物局肖心等加盟建筑文化考察组。

（15）2010年7月22—25日，第四次湖南考察。建筑文化考察组成员：殷力欣、刘锦标。此行主要补充拍摄南岳忠烈祠、南岳军事会议旧址、圣经学校，并补充勘察长沙岳麓山抗战遗址，如云麓宫长沙会战阵亡将士名录墙、第九战区指挥部、岳麓山炮台、战壕等。此行得到湖南省文物局、衡阳市南岳区文物局的协助。

（16）2010年8月5—11日，第二次上海、浙江考察。考察组成员殷力欣。主要考察内容：上海八一三淞沪会战四行仓库遗址、吴淞口淞沪抗战纪念馆、马当道韩国流亡政府旧址、罗店红十字纪念碑、庙行抗战阵亡将士纪念坊、陕西北路犹太人避难地、虹口公园爆炸案遗址，浙江宋殿村受降厅遗址、第八十八师淞沪抗战纪念碑等9处。此行仍为杭州高新公共设施管理有限公司俞建岗总经理的私人资助。

（17）2010年8月26—30日，山西考察。考察组成员金磊、殷力欣、刘锦标。主要考察内容：山西灵丘平型关大捷遗址、大同煤矿万人坑遗址、忻口会战遗址、娘子关抗战遗址、忻州南茹村八路军总部遗址、五台山佛光寺、阳泉百团大战纪念碑、左权县黄崖洞八路军兵工厂遗址、麻田镇八路军总部遗址等9处。此行得到陕西省文物局资助，并由该局闫丁先生陪同。

（18）2010年9月上旬，考察组成员金磊、刘锦标等山西考察。

（19）2010年9月中旬，考察组成员金磊、刘锦标等东北考察。

（20）2010年9月下旬，考察组成员金磊、刘锦标等河南考察。

共20次考察了17省市126处抗战建筑（包括北京市4处，上海市9处，天津市1处，重庆市14处，黑龙江4处，吉林省4处，辽宁省2处，河南省12处，湖北省14处，湖南省31处，广东省1处，云南省5处，四川省3处，江苏省3处，浙江省7处，山西省9处，河北省3处）。先后完成《华北、东北抗战建筑考察纪略》（金磊、郭振勇、于文生等撰）、《重庆市抗战历史建筑考察纪略》（舒莺撰）、《武汉抗战历史建筑遗存考察纪略》（陈飞、李丽媛撰）。

本篇则对笔者所侧重的上海、浙江、江苏、湖南、云南、四川、广东等地的考察作简要陈述。

一、上海、浙江抗战史迹

上海市、浙江省两地重要的抗战史迹有上海1932年"一二八"淞沪抗战遗址多处、1937年"八一三"淞沪抗战遗址多处、第三方面军受降地、浙江杭州钱塘江大桥、淞沪抗战纪念坊、淞沪战役国军阵亡将士纪念碑、宁波海防与抗日军事设施、宋殿村受降厅遗址及千人坑遗址等。今经考察，两地能完整保留至今者已为数不多。

（一）上海市抗战史迹

在抗战史上，上海市发生了两次震惊中外的战事：1932年"一二八抗战淞沪抗战"和1937年"八一三淞沪抗战"，故这一地区的抗战史迹大多与此相关。

1.吴淞要塞

"一二八淞沪抗战"爆发，日军以3万之众围攻吴淞要塞，企图打通向市区进攻的通道。驻守炮台的十九路军一五六旅全体将士从2月3日到3月2日，坚守要塞一个月，日军付出重大代价后，仍未能越雷池一步。恼羞成怒的日军集结20余艘战舰、数10架飞机，对我要塞狂轰滥炸，使炮台几乎全部被毁。吴淞炮台群由东、西、南、北和月浦狮子林等5处炮台组成，总称为吴淞要塞，其中西炮台位于宝山区塘后支路27号，北炮台位于塘后路109号，至今犹存，其余三处已难寻踪迹。日军登陆即遭中国军队顽强抵抗的这一地带，现已辟为临江公园，近年在园内建有上海淞沪抗战纪念馆。

又，此地在1937年"八一三"淞沪抗战中仍为重要战场，今存宝山县旧城垣遗址、姚子青营抗日牺牲处等，均为当年战斗最为激烈、中国军人牺牲极为悲壮之处。姚子青（1909-1937年）系陆

图2.宝山县旧城垣遗址（殷力欣摄）
图3.姚子青营抗日牺牲处（殷力欣摄）

图4.四行仓库激战

图5.激战中的四行仓库飘扬着国旗

图6.四行仓库现状正面（殷力欣摄）

军第十八军九十八师二九二旅五八三团第三营中校营长。1937年9月5日，日侵略军2 000余人登陆围困宝山县城，姚子青营全体官兵坚守城恒，激战两昼夜，毙伤敌人600余人。9月7日，日军攻毁宝山城东南城恒，施放硫磺弹，城内一片火海，率领预备队及全营所剩官兵20余人，同敌短兵相接，全部壮烈牺牲。

2.四行仓库

位于闸北区光复路21号。原为金城、盐业、中南、大陆等四家银行组成的"四行储蓄会"信托部的物资堆栈，为5层钢筋水泥建筑。因其使用功能所限，四行仓库的建筑外观朴质无华，而在构筑上主要强化其坚固程度。但在战争中，此建筑依然被重击得千疮百孔。其损害处，现已修复，并在近年粉饰一新，成为"一百集团"商业储运公司的下属的一个家具城。今光复路21号门面做了重新修饰，立有上海市文管会的"八百壮士抗日纪念地"铜牌，门厅内立有一尊谢晋元将军纪念像（谢晋元生前的军衔为陆军上校，遇难后被追授为陆军少将）。

"八一三淞沪抗战"一声炮响，日军从闸北向市区步步进逼。中国守军第八十八师二六二旅的452名官兵（对外号称"八百壮士"），在团长谢晋元的率领下，于1937年10月26日进驻四行仓库主楼，掩护大部队撤退。几乎是同时，日军占领了200米外的仓库次楼，即如今的光复路195号。日军在面对主楼的墙基下挖洞埋炮，构筑工事，前后共发动了30多次攻击。但是八百壮士抱定了为国捐躯的决心，以弹丸之地，孤军奋战4昼夜，打退敌人一次次进攻，毙敌200余人，

128

伤敌数千，在抗战史上写下了光辉的一页。**10月28日**黎明，上海市商会派女童子军杨惠敏携带慰劳品，冒险渡过苏州河，向壮士们敬献国旗。谢晋元命令将青天白日满地红的中国旗帜在仓库大楼楼顶升起，隔河观望的上海市民无不鼓掌欢呼。不久，桂涛声作词、夏之秋作曲的《歌八百壮士》响遍大江南北，激励着亿万同胞

图7.四行仓库西侧面：交战最激烈的部位（殷力欣摄）

与侵略者血战到底：

> 中国不会亡，中国不会亡，
>
> 你看那八百壮士孤军奋守东战场。
>
> 四方都是炮火，四方都是豺狼，
>
> 宁愿死、不退让，宁愿死、不投降，
>
> 我们的国旗在重围中飘荡，飘荡……

这首诞生于淞沪会战的战歌，在相当长的时间内与《义勇军进行曲》齐名，是抗战时代的最强音。

3.国民伤兵医院

位于上海交通大学徐汇区校园内，初为学生宿舍，1932年淞沪抗战期间，宋庆龄、何香凝等主持，借用此楼建立国民伤兵医院。1933年，上海市民在门前立"饮水思源"纪念碑以资纪念。

4. 庙行镇无名英雄纪念墓遗址

在宝山区庙行乡"一二八"纪念路，鹅馋浦北岸。"一二八"淞沪抗战爆发，上海军民奋起抗战，中国军队十九路军和第五军在蔡廷锴、张治中的指挥下，坚守一个多月。战斗最激烈，伤亡最多的地方当属庙行一带。为表彰抗日阵亡将士的忠烈精神，纪念在这次战争中英勇献身的无名战士，经上海市市长吴铁城倡议，全市各界集资24万元，宝山各界捐地30亩，建墓树碑，以昭其勇。大部分军官遗骸则运往南京，葬于紫金山麓灵谷寺内之国民革命军阵亡将士公墓。

庙行乡无名英雄纪念墓于1936年"一二八"事变4周年公祭前落成，墓约三四层楼房高，三层是台基，墓内装烈士衣冠石椁，墓两旁树立旗杆，墓正中石碑上镌刻"义薄云天"四个大字。墓门口，装6扇大铁门，4间门卫室，墓地前有桥，周围遍栽花草树木，四周筑有围墙，建筑用材全是金山石凿成。1937年11月

图8.昔日庙行镇激战之地被命名为"一二八纪念路"（殷力欣摄）

图9.庙行镇公墓牌坊现状（殷力欣摄）

图10.一二八庙行激战之地

上海沦陷后，无名英雄墓竟被日军用炸药炸毁。此野蛮行径同样是公然违反国际公约的。现纪念墓尚存门房一间，并有当年建造的纪念村民房数间及吃水用的井一口，门前马路被命名为"一二八纪念路"。其纪念牌坊现处新建居民小区——锦辉绿园入口旁之荒草杂木丛中，但基本完好。坊为钢筋水泥质地，四柱三门的传统牌坊形制，柱头有祥云雕饰，但整体造型以朴素简洁为度。明间门楣镌刻"庙行纪念村"，两柱题刻为"上海市民地方维持会捐建"、"中华民国二十又一年壬申"。

5.罗店红十字纪念碑

红十字纪念碑在宝山区罗店镇陈伯吹中学（原罗店中学）校园内西北角。"八一三"抗战中，日军在小川沙河口登陆后，进攻上海北翼的军事重镇罗店，企图占领罗店、威胁嘉定，切断京沪铁路，堵住上海守军的后路。8月23日，罗店遭空袭，中国空军飞行员苑金函在与敌空战中不幸中弹，机毁人伤于罗店近郊。中国红十字总会上海分会第一救护队副队长苏克己闻讯后，率队员谢惠贤（女）、刘中武、陈秀芳（女）等即刻前往救护。待日军追至，苏克己等将伤员安全藏匿，但自己不幸被俘。之后，日军竟视国际公约为无物，将这4名红十字会成员全体杀害。

罗店抗战殉难烈士纪念碑初建于1947年8月13日，为钢筋混凝土结构，碑高5.65米，于1948年8月13日落成，于1985年重修。设计以方尖碑为原型而有所变通。其基座略粗壮，至碑身部分骤然挺拔，碑首则以醒目的红色十字向四方昭示。其碑身正面镌刻其正式名称："中华民国红十字总会第一救护队抗日殉难烈士纪念碑"；两个侧面镶嵌着4位殉难中国医护工作者的瓷板肖像；基座四面分镌"纪事文"、"诔词"和"重修碑记"。诔词由中国红十字会正副会长蒋梦麟、杜月笙、刘鸿生撰写，曰：

图11.罗店红十字纪念碑（殷力欣摄）

> 炎炎华夏 浩浩烟尘
>
> 八年抗战 泣鬼惊神
>
> 壮哉诸子 罔顾艰辛
>
> 枪林弹雨 重义轻身
>
> 临伤遇难 慷慨成仁
>
> 沸腾热血 惨烈绝伦
>
> 以寒敌胆 以式国人
>
> 河山不改 姓字常新

仲夏时节，笔者至此造访、凭吊，凝视73年前二位女医护工作者年轻、娴静的面容，诵读这血写的诔词，仍不免一掬热泪。

图12.红十字纪念碑烈士像（殷力欣摄）

此纪念碑饱含着对殉难者的深情敬仰和对日军公然践踏人文准则的严正抗议，其造型则至简，其力度则至强！

6.大韩民国临时政府及"虹口公园爆炸案"遗址

大韩民国临时政府位于霞飞路（今淮海中路）附近马当路普庆里4号，系石库门三层楼房。此地被韩国人视为圣地。20世纪二三十年代，大韩民国临时政府的流亡爱国志士以此为基地开展抗日复国运动。此建筑地处林荫道旁，环境清幽，属典型的上海民国时代里弄石库门式住宅建筑风格，现为"上海市卢湾区文物保护单位"。

日俄战争后，日本对韩国实施殖民统治。在韩国爆发的反抗日本统治"三一"运动被镇压后，爱国志士们

图13.红十字纪念碑诔碑

图14.韩国流亡政府所在地马当道普庆里（殷力欣摄）

图15.韩国流亡政府大门（殷力欣摄）

图16.来此朝圣的韩国游客（殷力欣摄）

图17.虹口公园爆炸案遗址（殷力欣摄）

图18.梅亭（殷力欣摄）

向我国寻求复国援助。1919年4月11日，韩国抗日领袖金九等在上海创建了大韩民国临时政府，同时积极组织力量参加中国的抗日战争，其中最著名的事件当推"虹口公园爆炸案"。

"一·二八"战事结束后，在上海的日本军政要人竟恬不知耻地定于1932年4月29日庆祝"天长节"（昭和天皇生日）之际，在虹口公园（今鲁迅公园）举行所谓的"淞沪战争祝捷大会"。是日上午，金九先生亲率韩国义士尹奉吉混进会场，11时30分左右，就在全体日本人高唱日本国歌"君之代"的时候，尹奉吉在距主席台数米处将伪装成水壶的炸弹准确地投掷向主席台。日本驻沪留民团行政委员长河端贞次当即被炸死，侵沪日军总司令白川义则大将身中204块弹片，至5月26日抢救无效死亡；第九师团长植田吉谦中将、日本驻华公使重光葵均被炸断一腿；第三舰队司令野村吉三郎中将炸瞎一目；另有多名日本军官兵伤亡。爆炸发生后，尹奉吉当即被捕，日后饱受酷刑折磨而坚贞不屈，同年12月30日遇害，年仅25岁。此义举是中韩两国人民同仇敌忾、共同御侮的典型事迹，极大振奋了东亚人民共同抗击日本法西斯的决心。今鲁迅公园存有一座纪念尹奉吉（号梅轩）的"梅亭"。每年4月29日，尹奉吉的故乡韩国忠清南道礼山郡都要举行梅轩文化节。

"八一三"抗战之后，韩国临时政府成员在中国当局的安排下，先后辗转杭州、长沙、广州、柳州、贵阳、綦江等地，于1940年9月正式迁至重庆，直到抗战胜利。一如欧洲战区有法国流亡政府在英国坚持抵抗，中国政府的扶助友邦之举，也同样在道义上赢得了国际社会的普遍尊重，同时也确立了中国为东方反法西斯同盟的中心地位。

7.欧黑尔·雪切尔犹太教堂与拉希尔会堂

欧黑尔·雪切尔犹太教堂又称摩西会堂，属犹太教教堂，位于上海虹口长阳路，为三层红砖房，门窗饰传统式样拱券，大门上方有犹太教标志卫星，建筑风格朴素稳重。1917－1927年建成，是犹太教教堂建筑在中国的代表作，1992年改设为"犹太难民上海纪念馆"。教堂底层设祈祷大厅，二楼与其相通环绕着的"十圈"是专为女教民设置的，三楼办公室曾为难民子弟教堂，四楼为阁楼。抗战期间，这里曾经有欧洲迁徙的2万多犹太人在此避难，也是一处值得重视的抗战史迹。

拉希尔会堂又称西摩会堂，位于陕西北路，俄罗斯犹太人沙逊于1920年为纪念亡妻而捐建，是上海最早建成、远东地区规模最大的犹太教堂。其建筑风格为新古典主义，具有希腊神殿式风格的呈长方形的砖木结构建筑，是犹太教在中国的代表性建筑作品。犹太教堂在希腊语中指"聚会的场所"，一般由一个主要的祈祷房间和几个学习犹太教《圣经》的房间组成。这里不仅可以祈祷，还能用于公共活动、成人和学龄儿童的教育。拉希尔会堂也曾是来华犹太人的聚集地。1932年，建有犹太学校，开设《圣经》、希伯来语和文化课，曾是犹太社区的主要教育基地。二战时期，曾为上海犹太侨民协会会址，一度成为在上海犹太人宗

图19.日本朝日新闻1932年5月1日对虹口公园爆炸案的报道

图20.韩国画家笔下的虹口公园爆炸案

图21.尹奉吉与金九

图22.西摩会堂（殷力欣摄）

图23、上海欧黑尔雪切尔犹太教堂。抗战时期有2万犹太难民在此避难（殷力欣摄）

图24.1937年11月9
日,日军占领
龙华

图25.龙华寺及
龙华塔现
状(殷力欣
摄)

教信仰和联络交流活动的中心。1999年11月3日,德国总理施罗德来此参观,并留言道:"我们纪念这段史实并向这里伸出援手的人们致以极大的感谢和赞赏。"

西摩会堂于2001年被列入世界纪念性建筑遗产保护名录。

8.龙华镇龙华寺大殿

上海素以十里洋场的西式建筑面貌著称,但传统建筑实例也并不罕见,其较著名者有三:真如镇真如寺大殿,为元代木结构建筑的经典作品;豫园,晚清私家园林的佳作,素以融汇若干元素著称,在中国古典园林中别开生面;龙华镇之龙华塔与龙华寺,则是起源于南宋的一方名胜。抗战期间,三处名胜均受到不同程度的侵扰和损坏,尤以龙华寺大殿为甚。

龙华寺位于上海市徐汇区龙华镇。其山门之前有一座龙华塔,建成于宋太平兴国二年(公元977年),塔高40.4米,四方形、七层八面砖木结构,其砖身和基础部分为宋代原物,是上海地区至今保存最完美的古塔之一。而龙华寺则是沪上历史最久、规模最大的古刹,初时龙华寺为五代时吴越王钱俶弘所建,宋治平三年(公元1066年)被赐名宝相寺(寺内保存一块刻有"宝相寺以西南角界石"字样的残石)。1937年以前,龙华寺基本保持明代规制,其中大雄宝殿等单体建筑极有可能为宋元遗构。"八一三"淞沪会战期间,日军对镇大肆轰炸,并于1937年11月9日占领龙华。龙华寺未能躲过这场劫难,大殿在此次战火中被彻底摧毁。从少数历史照片中,仅能知道大殿中的佛教造像为明清遗物,而建筑构造情况则无从猜测。由于当时的中国营造学社主要在华北地区考察,未及在江南开展普遍的考察工作,故龙华寺大殿的确切建造年代、构造详情等,从此再无可能探究。

今之龙华寺已修葺一新,再不见任何战争劫难的踪迹。笔者认为,总应该在龙华寺大殿前立牌说明,让后人记住那段沉痛的历史。

9.上海淞沪抗战纪念馆

近年来,随着各界对抗战历史的重视,不断有新的纪念建筑问世。其中最著名者，当推2000年1月建成，位于上海市宝山区友谊路1号的上海淞沪抗战纪念馆。

此馆坐落在两次淞沪抗战（1932年"一·二八"抗战和1937年"八一三"抗战）的主战场——宝山区临江公园内，即吴淞口炮台之所在，临江濒海，中国军人当年曾对登陆日军予以迎头痛击，曾在敌我力量悬殊的境地里，以热血捍卫着中国军人的荣誉和民族尊严。

纪念馆占地面积5 100平方米，由展览、园林、办公三大区域组成。其主体建筑是一座用钢材、岩石、玻璃等现代建筑材料来表现传统建筑形式美的纪念塔，建筑面积达3 490平方米，塔高53.6米，共12层。其中塔基部分分为三层，内部是纪念馆的主要展览区域。环绕塔身，以围墙划分若干个相互独立而又紧密相连的庭院。以纪念馆入口长墙为界，分成东西两大功能区，东部为办公区。与主体建筑正立面相对的，是淞沪抗战战场纪念碑、"淞沪抗战军民"大型雕塑、以"义勇军进行曲"曲谱为背景的水庭和高3.15米、长29.8米的"淞沪魂"石刻长卷主题墙。在两个区域的相交处，南侧是大草坪，北侧用一个"含"于建筑之中的水庭作为过渡。

展厅面积近2 000平方米，陈列有《抗日战争与上海》、《血沃淞沪——淞沪抗战史实撷英》《上海郊县抗日武装斗争图片展》等展览，陈列有数量可观的抗战文物和历史图片文献。

图26.上海淞沪抗战纪念馆，2000年落成（殷力欣摄）
图27.纪念碑庭院（殷力欣摄）
图28.淞沪抗战纪念馆纪念墙（殷力欣摄）

该建筑组群的最大特色是将纪念馆和纪念塔合二为一：以三层塔基内部空间为展陈区域；以塔基之上的九重塔形成纪念塔性质的建筑外观，而塔之内部空间，又可层层登临，借以凭吊淞沪战争的中国烈士英灵。

上述历史建筑，分别见证着1932年、1937年华东地区的关键性历史事件。

1932年1月28日，日本海军陆战队进攻上海闸北，"一·二八"事变爆发。驻守上海的国民革命军第十九路军在陈铭枢、蒋光鼐、蔡廷锴的带领下展开回击，张治中率第五军增援上海，双方陷入僵持状态。2月28日，英国、法国、美国三国公使介入调停。5月5日，中日双方签署《淞沪停战协议》，规定中国国民革命军不得驻扎上海，只能保留保安队，日本取得在上海驻军的权利，参与抗战的主力国军第十九路军不得不离开上海，第五军则撤退至苏州、南京一带，日本军阀则全部退回日租界。此次战役，是日本继九一八事变后，又一次试图全面开战的挑衅，企图如九一八事变那样再次鲸吞中国最重要的经济重镇，但遭遇到中国军民异常顽强的抵抗和国际社会的一致谴责，其图谋未能得逞；中国军队付出极大的伤亡代价而未能取得军事上的完胜，但赢得了国际社会的普遍尊重，也得以将更大的战事延后，为我方争取到了难得的备战时间。

1937年七七卢沟桥事变后不久，日军立即在8月份起，派出前后共计50万人的侵略军向上海进犯；我方则共派出中央军精锐和大批内地省份部队合计70万人，先后由冯玉祥、蒋中正统帅，与日军血战三个月之久，史称"第二次淞沪会战"。在顽强抵抗三个月，付出官兵25万人伤亡的沉重代价之后，11月20日，中国军队被迫撤退，上海自此沦陷。同日，民国政府宣布将首都和所有政府机构由南京迁往陪都重庆，而军事作战中心则是先迁往武汉，武汉会战后再迁往陪都重庆。此第二次淞沪会战，中国方面在战术上是失败的，但是在战略上却成功地将日军吸引于中国东南，使其主力也付出精锐部队4万人伤亡的代价，从此陷入山川河流众多的华中地带，消耗甚大，再无实力占领全部中国，其"三月亡华"之战略目标更由此成为狂言呓语。也由于上海的持久抵抗，掩护了我国政府机关、学校和大批工商企业转移内地，为持久抗战保留了元气，更从精神层面上打破了"日军不可战胜"的神话，展示了中国民族精神的坚忍不拔。

美国海军陆战队上尉埃文思·卡尔逊（Evans Carlson）作为罗斯福总统的特使赴上海观察事态，一个月后，他致函罗斯福总统："我简直难以相信，中国人民在这样危急的时刻是那样齐心协力。就我在中国将近十年的观察，我从未见过中国人像今天这样团结，为共同的事业奋斗。"

也由于有上海的殊死抵抗，日本军队彻底撕下了其所标榜"中日亲善、大东亚共荣"的虚伪面具，在12月13日侵占南京后，制造了惨绝人寰的"南京大屠杀"，中国民众遇难人数达35万。可以说，自日军这起空前的反人类罪行发生之日起，日本法西斯集团就注定了其终将失败的命运。

（二）浙江省抗战史迹

浙江省现存抗战史迹主要有：钱塘江大桥、淞沪战役国军阵亡将士抗战纪念碑、陆军第八十八师淞沪抗战纪念坊、宁波市镇海口区与北仑区抗战遗址和宋殿村侵浙日军投降仪式旧址等。

1.钱塘江大桥

位于杭州市六和塔附近，横跨钱塘江，北岸在杭州二龙山东麓，南岸在滨

图29.茅以升像

江区浦沿街道联庄村上沙埠,是由我国自行设计建造的第一座双层式公路、铁路两用特大桥,是中国铁路桥梁史上一个辉煌的里程碑。该桥为上下双层钢结构桁梁桥,分引桥和正桥两个部分。正桥16孔,桥墩15座。下层铁路桥长1 322.1米,单线行车;上层公路桥长1 453米、宽6.1米,两侧人行道各1.5米。大桥由我国著名桥梁专家茅以升主持设计施工,于1934年8月8日开始动工兴建,1937年9月26日建成通车,是横贯钱塘南北,连接沪杭甬、浙赣铁路的交通要道。围绕着钱塘江大桥,有一段耐人寻味的历史掌故。

1933年,时年38岁的桥梁专家茅以升辞去北洋大学(今天津大学)教席,只身来到杭州,任钱塘江大桥工程处处长,主持设计钱塘江大桥。

1934年11月11日,钱塘江大桥开工兴建。茅以升担任钱塘江大桥的总设计师、总工程师。在施工中,他首次采用气压沉箱法,掘泥打桩获得成功,打破了以往外国专家认为"钱塘江水深流急,不可能建桥"的预言。

1937年"七七"卢沟桥事变爆发后,茅以升预感战事扩大到全国已不可避免,便做出了惊醒世人的重大决定——他在大桥南2号桥墩上留下一个长方形的大洞以备必要时放置炸药。

"八一三"淞沪抗战爆发,事态越来越不利于我方。尽管已预料到波及杭州已不可避免,但茅以升等却加快了施工进度,于9月26日下层单线铁路桥提前通

南方七省市抗日战争史迹建筑考察纪略

图30.钱塘江大桥自
　毁时的情景
图31.当年预留爆
　破点的南2号
　桥墩（殷力欣
　摄）

车——此举意在加强后方运输能力以直接支援前线将士。

　　至11月16日，在钱塘江大桥发挥后方补给作用仅1个月零20天，茅以升接到南京政府随时待命毁桥的指示，当即以预留的南2号桥墩长方形洞为标本，将钱塘江大桥所有的致命点一一标示出来，100多根引线从各个引爆点连接到南岸的一所房子里。

　　11月17日，布满爆破引线的大桥在两岸数十万群众经久不息的掌声中全面通车，继续为前线将士服务。茅以升后来回忆说："所有这天过桥的十多万人，以及此后每天过桥的人，人人都要在炸药上面走过，火车也同样在炸药上风驰电掣而过。开桥的第一天，桥里就先有了炸药，这在古今中外的桥梁史上，要算是空前的了！"

　　1937年12月23日下午5点，日军的先头部队已隐约可见，茅以升先生毅然下令点燃所有爆破引线。这个历经925个日日夜夜、耗资160万美元的钱塘江大桥，最终在通车的第89天，随着一声巨响，2座桥墩被毁坏、5孔钢梁折断落入江中，以玉碎的方式，完成了89天的输送兵员和军用物资的光荣使命。有日军士兵友永河夫在硝烟弥漫中拍下了炸毁的钱塘江大桥。这天晚上，茅以升写下"抗战必胜，此桥必复"八字誓言，并赋诗一首：

　　　徒地风云突变色，
　　　挥泪炸桥断通途。
　　　五行缺火真来火，
　　　不复原桥不丈夫。

　　1946年，抗战胜利的第二年，钱塘江大桥被修复，实现了这位中国科学家历时8年的"不复原桥不丈夫"的郑重承诺。今大桥北岸西侧立有茅以升的全身铜像，以纪念这位中国杰出的桥梁专家和令人肃然起敬的爱国志士。

　　作为桥梁建筑工程技术与艺术的双重杰作，钱塘江大桥以其简洁的钢梁结构尽显现代艺术的力度之美，并与宽阔的江面和江岸的青山古刹构成静谧、优美中不乏时代气息的壮丽景观。尤其重要的是：此桥为淞沪会战而提前竣工，又于战事不利之际由建造者亲手炸毁，最终在赢得胜利之日重获新生。

这座铁桥为斯而生、为斯而毁、为斯再生的传奇历程，不啻为全民抗战之缩影，中华伟大民族精神之无字丰碑！

2. 国民革命军陆军第八十八师淞沪抗战阵亡将士纪念坊

纪念坊位于杭州西溪路松木场。坐北朝南，为纪念墓坊，原坊北有国民革命军陆军第八十八师抗战阵亡将士墓园，后因城市建设，墓园被毁。牌坊为钢筋混凝土结构，四柱三间形式，枋柱上承龙凤枋，正中题额"浩气长存"、"气壮河山"，檐下用斗拱，上承庑殿顶。坊柱镌刻浙江省主席黄绍闳于1946年4月题写的楹联："浩气壮湖山魂来怒卷江潮白，英名缅袍泽劫后新滋暮帐青"，及抗战名将俞济时将军于1946年8月题写的"华表按青霄一角湖山归战骨，墓门萎碧草十年汗马念前功"。

此坊为纪念国民革命军陆军第八十八师阵亡将士而建。1932年日军在上海制造"一·二八事变"，激起驻上海国民革命军第十九路军的英勇抵抗。次日，驻浙第五军第八十八师驰援上海，在与日军激战中，八十八师阵亡将士1 091名，伤1 698人。抗战胜利后不久，民国浙江省政府于1946年在此建立墓园及牌坊。

3. 淞沪战役国军阵亡将士纪念碑

纪念碑位于杭州西湖东岸民学士路口。此纪念碑原于1934年建造完成。纪念碑雕塑由我国著名雕塑家刘开渠先生创作。该碑后被拆除，2003年在原址复建，由中国美术学院沈文强教授担任雕塑复原工作。

此纪念碑与前述"国民革命军陆军第八十八师淞沪抗日阵亡将士纪念坊"同样是为第八十八师的抗战事迹而建，但不属于烈士墓园的附属纪念物，而是纯为颂扬中国军人功勋和精神的纪念性艺术作品。据极为有限的现存资料看，

图32. 杭州淞沪抗战纪念碑旧影
图33. 修复后的纪念碑正面全景（殷力欣摄）
图34. 碑首纪念像南侧面（殷力欣摄）

原作分台阶、基座、碑身和碑首雕塑等四个部分，通高在10米左右。其基座四面分刻浮雕：《纪念》《抵抗》《冲锋》《继续杀敌》；碑身四角为帖壁方柱，正方平面，无上下收分；碑首为一组青铜群雕：四角为四只下落的炮弹，将两躯官兵立像环绕其间，军官手握望远镜遥指向东方，士兵手握步枪准备冲锋。

据记载，时为杭州国立艺专教授刘开渠先生有感于八十八师官兵1932年2月20—22日在上海庙行镇防御战中血战两昼夜，以伤亡官兵近2000余名的代价重创日军的英雄事迹，遂萌发创作激情。刘开渠先生早年留学法国，受雕塑大师罗丹的影响颇深，故其作品在手法上坚持写实功力，但具有与象征意义诗歌、印象主义绘画、音乐类似的美学追求。他的这幅作品，以下落的炸弹渲染历史场景，准确把握人物的瞬间形体姿态作永恒寓意，堪称是《义勇军进行曲》"冒着敌人的炮火前进"的雕塑版本。

淞沪战役国军阵亡将士纪念碑是我国第一座表现抗日战争的纪念碑，也无疑是抗战主题的纪念性建筑杰作之一。

今之复原工程，似乎规模略小，通高在6米上下；碑身以贴壁柱的收分变化，使得通体略显纤秀；减去了台阶部分，基座趋于扁平，四面未复原原作的浮雕作品；仅碑首官兵群雕为忠实原作的复制作品。

现在看来，这个复原的纪念碑似乎更注重与周边环境的协调，有意在整体艺术风格上减弱壮美的成分，而突出西湖自然风光之优美。这不能不说是一个遗憾。不过，至少其再现了刘开渠这组雕塑作品，故仍不失为值得重视的抗战纪念建筑。

4．宁波市镇海口区与北仑区海防及抗战遗址

宁波市镇海口区与北仑区（此二区原同属镇海县）地处东海之滨的甬江口，素有"两浙门户"、"海天雄镇"之称，在古代以抗倭著称，在近代发生过抗英、

图35.宁波白峰镇抗战碉堡远景（殷力欣摄）

图36.宁波白峰镇抗战碉堡近景（殷力欣摄）

抗法战争，七七事变后又成为我国东南沿海抗日的重要战场，留有内容丰富、历史绵长而一脉相承的海防军事工程史迹。这些历史遗迹集中分布在甬江入海口处的南北两岸，是我国目前保存较为完好、可自成体系的海防遗址，包括甬江北岸镇海口区招宝山威远城、明清碑刻、月城、安远炮台，梓荫山吴公纪功碑亭、俞大猷生祠碑记、泮池（裕谦殉难处）、吴杰故居等8处；甬江南岸北仑区戚家山营垒、金鸡山瞭台、靖远炮台、平远炮台、宏远炮台、镇远炮台等6处，两岸合计共14处，自明嘉靖三十九年(1560年)筑威远城延续至1937年《宁波区海防设备实施计划》竣工，其时间跨度约370年。

九一八事变后，民国政府聘请德国军事顾问佛采尔拟订《宁波区海防设备实施计划》，预想日军企图在浙东沿海登陆，将镇海县境列为御敌的重中之重，随后在伏龙山至白峰镇长达百里的海岸线上，临港口、要冲地带共建造钢骨水泥的机枪、指挥所掩体60余座。其中小炮掩体10座、重机枪掩体30座、员兵掩体19座、炮兵观察哨8座、指挥掩体1座，至1937年冬基本建成。其中位于北仑区钳门口南侧环形山上的镇远一、镇远二、镇远三、镇远四等4座直径达13米、台壁最厚处达2.5米的钢筋水泥炮台规模之大全国罕见，是东南沿海最重要的抗日防御阵地之一，另有附属的战壕、弹药库、营房等遗迹亦弥足珍贵。虽珍稀如此（已载入《中国大百科全书》"军事篇"内），但依然毁损严重，亟待保护；而北起伏龙山，南抵白峰镇的海岸步兵掩体等遗迹，至今已所存寥寥，偶在田间散见一二，亦残破荒芜。

较为完整的二处如下。

(1) **戚家山营垒**。戚家山又称七盘山、七家山，明朝名将戚继光曾于此扎营抗倭，至今犹存明代残垣。清光绪七年(1881年)，又有总镇杨春和依旧制再筑营垒。该营垒平面呈椭圆形，块石垒就，可容兵3 000余人，系二线清兵大本营，另存一近代炮台遗址，无确切年代可考。1940年7月21日，中国军队在此与日军

图37.戚家山营垒
（殷力欣摄）
图38.镇海戚家山
古炮台（殷力
欣摄）

南方七省市抗日战争史迹建筑考察纪略

图39.招宝山古代海防城堡（殷力欣摄）

图40.招宝山碑刻（殷力欣摄）

图41.招宝山古代城堡与抗战碉堡（殷力欣摄）

图42.招宝山抗战工事（殷力欣摄）

图43.招宝山暗堡（殷力欣摄）

图44.招宝山抗战纪念碑（殷力欣摄）

激战，以肉搏击退强敌。在20世纪30年代，中国官兵持陈旧武器，仍须以明清营垒御敌，可知当年中国与日本在国力上的悬殊差距，更显见其视死如归之无畏气概，真可谓是惊天地泣鬼神了！

（2）**招宝山海防及抗战遗址**。招宝山坐落在镇海城区甬江口北岸，山势挺秀，向东与舟山群岛隔海相望，向南则与戚家山营垒、金鸡山瞭台等隔江相望，共同组成直面海疆的滩头阵地和扼守甬江通道的要隘。今沿山路盘桓登顶，威远城、月城、安远炮台等遗迹犹存，虽经近年修缮，但基本保持清代海防要塞之原貌，更时见民国时期增设之堡垒，其清代城垣亦有继续作现代战壕的显著痕迹。尤其自山巅直下至南麓，山林中可在荒草间偶见一二暗堡射击孔，山脚下立有方尖碑一座，高约3米，题为"抗战阵亡将士纪念碑"，有"民国二十八年七月□日敬立，镇海县抗日自卫委员会建"，"县长江忠□书"款额。据记载：1940年7月17日，数千日军在青峙、招宝山紫竹林和大道头等处登陆，抗日部队奋勇抗击，共击毙日军近400名，伤六七百名，我抗日官兵阵亡600余名，伤580名，最终将日寇赶下大海；1941年4月，1万余名日军再度从镇海县境多点登陆，驻守的中国军队英勇抵抗，一些连队战至最后一人。这两次恶战均发生在这座"民国二十八年七月（1939年7月）"纪念碑立碑之后，可知此前此地屡有激战。

图45.宋殿村受降厅（殷力欣摄）

图46.宋殿村受降厅内景（殷力欣摄）

图47.日军暴行罪证——煮人沸水锅

总体上看，自1937年9月20日日舰首次进犯镇海口起，至1941年4月19日镇海沦陷，在上海、杭州相继失守之后，这一带中国军民顽强扼守这一海防重镇达三年半之久，相继发生过镇海要塞炮战、"七一七"镇海口之战、"四一九"镇海保卫战等重要战役。1938年底，我国沿海港口相继沦陷，唯宁波仍存，大量抗战物资海运至镇海口外，转驳宁波，输入内地。据浙海关档案资料统计，1939年经常泊于镇海口外锚地轮船30余艘，38 059吨，日运货量在1万吨以上，最多日达7万余吨。日本大本营多次强调，要切断中国对外联络线，特别是输入武器路线，故镇海成为日军进攻的主要目标。

5.宋殿村侵浙日军投降仪式旧址和"千人坑"遗址

侵浙日军投降仪式旧址位于杭州与富阳县长新乡宋殿村，今称"富阳市受降镇中秋村"，现存"受降厅"一间、配房三间，日军煮死战俘、百姓的铁锅等遗物若干。受降厅系原宋殿村乡绅宋作梅宅院中的一个厅堂。"受降厅"坐北朝南，泥石木结构，重檐亭式房屋。其木构架为江浙传统民居做法，但接受西式构架

图48.宋殿村千人
坑遗址（殷力
欣摄）

的简洁方法，房屋平面为正方形，中央重檐设玻璃窗以便于采光。就民居建筑而言，也可列为值得保护的佳作。

日本宣布无条件投降后，宋殿村被指定为侵驻浙江地区日军投降的唯一地点。1945年9月4日，侵浙日军投降仪式由中方官员张世希主持，日方代表、日军一三三师团参谋长樋泽一治大佐等向中方受降代表、第三战区司令长官兼前进指挥所主任韩德勤中将、副长官上官云相中将等立正、脱帽、鞠躬、呈缴证明书、日军驻地表、官兵花名册和武器清册，然后在投降书上签字，并将装有投降书的木匣双手捧着呈送受降代表韩德勤。1950年，长新乡改名为受降乡，以志纪念。1995年在抗日战争胜利50周年之际，中共富阳市委、市人民政府拨款修复"受降厅"，并以此为基地，扩展作为浙江人民抗战纪念馆。

千人坑遗址坐落距侵浙日军投降仪式旧址东南500米的山坳中，是当年日寇杀害我同胞兄弟的刑场和抛尸地点。1937年12月24日富阳县城沦陷，日军第二十二师团三十五联队第三大队随即移驻宋殿村。之后，宋殿村相继成为日军某中队队部、日军江北指挥所。其间，日军在此地大肆修筑防御工事，实行法西斯统治，烧杀淫掠，无恶不作。常从临近村落掳我无数同胞至宋殿村，或囚木笼水牢，或烫煮活埋，或枪杀刀劈。8年间，仅本地就有370余名村民惨遭杀害，余者迄今无法作确切统计。"千人坑遗址"于1995年立碑，碑长3.43米，宽1.23米，厚1.15米，由原浙江省省长李丰平题写，背面为"千人坑遗址碑文"。1997年，侵浙日军投降仪式旧址和千人坑遗址被浙江省人民政府公布为省级重点文物保护单位。

上海、浙江一带的抗战史迹，以1941年的"四一九"镇海保卫战为界，之前可视为上海"八一三"淞沪抗战的延续，之后，虽有1942年5~8月的浙赣会战，而在浙东一带，则基本上以敌后游击战为主。有关浙东游击战的史迹，目前尚缺系统的考察。

此外，在浙赣会战的后期，日军七三一部队由细菌战首犯石井四郎亲自率领，公然违反国际公约，使用空军向中国军队阵地投放携带鼠疫病菌的跳蚤，又在衢州一带向沿途水井投放霍乱、鼠疫、伤寒、炭疽等病菌，造成大面积瘟疫爆发，中国平民死亡数字迄今仍无法统计。

二、云南抗战史迹

云南省保山地区所辖松山、龙陵、腾冲等县在抗战期间作为滇缅公路沿线的重镇，先是保证国际交通的要隘，在日军自缅甸越境入侵后，成为守卫我国大后方的前沿阵地——滇西战场。而昆明及周边地区，首先因西南联大、中央研究院等文教机构的大迁入，成为与重庆、李庄齐名的战时三大文化中心；随着战事的发展，又成为与湖南芷江同等重要的空军基地和拱卫重庆安全的军事要地。因此，云南也是抗战史迹非常丰富的省份，保山、昆明两地现存各类遗迹约30余处，较重要者有：腾冲国殇墓园、滇缅公路、滇越铁路、富源中山礼堂、昆明抗战胜利堂、西南联大旧址等。

1. 国殇墓园

在腾冲县城西南一公里处的叠水河畔小团坡下，是纪念滇西抗战期间中国远征军第二十集团军腾冲收复战阵亡将士而建的纪念陵园，辛亥革命元老李根源先生取楚辞"国殇"之篇名，题为"国殇墓园"，占地88亩，建成于1945年7月7日。此陵墓建筑群以"中轴对称、台阶递进"式布局。墓园采用白粉墙垣，正门为白墙黛瓦之高大墙体中开垂花门的形式，入门后经甬道循石级而上至第一台阶；再循石级而上至第二级台阶围墙，上嵌沿墙蒋中正题、李根源书之"碧血千秋"刻石；沿围墙两侧上至第二台阶，建有庄忠烈祠。此忠烈祠为重檐歇山顶厅堂式建筑，面阔7间，有借鉴穿逗结构方法的痕迹，形式简洁，是民国时期纯粹采用传统建筑形式的佳作。其顶檐下悬蒋中正题"河岳英灵"匾额，祠堂正门上悬国民党元老于右任手书的"忠烈祠"匾额，祠内外槽柱悬挂何应钦及远征军二十集团军、师将领的题联；走廊两侧有蒋中正签署的保护国殇墓园的"国民政府军事委员会布告"，二十集团军总司令霍揆彰的"腾冲会战概要"、"忠烈祠碑"等碑记。祠内正面为孙中山像及总理遗嘱，两侧墙体嵌阵亡将士题名碑石，共9 618人。忠烈祠后为相对高度31米的圆锥形小山，是墓葬和纪念碑之所在，山脚一侧有于右任"天地正气"刻石；另一侧有滇西会战盟军阵亡将士公墓，依山而立"滇西会战盟军阵亡将士纪念碑"，碑前草坪上排列着19名盟军官兵遗冢；有石级通向山顶，石级两侧，依山体自下而上，成纵队整齐排列着近百行小型石碑，每纵队约有石碑30方，碑下均葬有阵亡官兵骨灰罐。山顶处建一通高约10米的大型纪念塔，其塔于三重方形基座上立方尖式样主题塔身，花岗岩材质，第三重基座四面镌"民族英雄"、"二十集团军腾冲会战概要"等题刻，塔上镌"远征军第二十集团军光复腾冲阵亡将士纪念塔"。

图49.腾冲国殇墓园围墙（刘锦标摄）

图50.国殇墓园忠烈祠（刘锦标摄）

墓园大门一侧另筑有"倭冢"一座，埋有4具日军尸骨于其中。

作为正面战场之一，在滇西战场所发生各个战役中，中国军民与日军浴血奋战，始终未能让日军如愿渡过怒江，并在中国战场上第一次将入侵者赶出国境。

1944年5月，中国远征军第二十集团军以6个师的兵力强渡怒江天险，向侵占滇西战略要塞腾冲达两年之久的日军发起全面攻击。腾冲攻城战役历时42天，远征军全歼日军3 000余人，以全胜战绩收复腾冲。战役中，该集团军9 000多名将士英勇捐躯。腾冲之战的胜利，有力地促进了滇缅战场的胜利，在中国抗日战争及世界反法西斯战争史上谱写了光辉的一页，史称"滇西战役"。

临沧地区尚存新旧功果桥，保山地区尚存腾冲县成德桥、临沧市青龙桥和施缅、龙陵二县交汇处的惠通桥等，均为滇缅公路沿线上的重要抗战史迹。

2．昆明抗战胜利堂

抗战胜利堂位于昆明市中心光华街中段北侧，云瑞东路和云瑞西路之间，占地约10 000平方米。昆明抗战胜利堂的建筑设计者今已不详，相传姓李名华，系清华大学毕业生，又有李华为"龄华"音讹之说，而此时清华大学也尚未设建筑系。凡此种种，有待日后查证。

此建筑巨构为钢筋混凝土结构，外观采用传统宫殿式建筑样式。平面分前部（大厅、休息厅和办公室）、中部（观众席）和后部（舞台），略呈工字形，而由于前部中央又有半圆形门廊凸出于外，两翼楼向后转角延伸若干，此工字形又有"仿'美军战斗机'以寓意昆明为飞虎队之大本营"之说。

其前部正立面以主体略高、两翼略低格局，单檐歇山绿琉璃大屋顶，檐下配置混凝土仿清式斗栱，形成飞檐凌空的传统建筑趣味；中部观众席的侧立面外观则为简洁的颇具现代主义建筑趣味的圆弧，如虹桥般与后部舞台相连接；而后部舞台的建筑外观又复为民族传统样式，但屋顶形式较为活泼：主体为重檐歇山，两翼为单檐歇山，主体下檐与两翼檐口相连一体，形成相互依存又相对独立的局面。

以实用功能看，此建筑将民族样式与公共建筑功能结合得

图51．忠烈祠内景（刘锦标摄）

图52．墓园盟军将士公墓（刘锦标摄）

图53．国殇墓园军士墓地（刘锦标摄）

图54．阵亡将士纪念碑北侧立面（刘锦标摄）

图55.滇缅公路著名的"二十四拐"

图56.临沧市青龙桥（陈云峰摄）

图57.临沧市青龙桥桥头堡（陈云峰摄）

图58.临沧市青龙桥铁索装置（陈云峰摄）

图59.腾冲成德桥（陈云峰摄）

图60.昆明胜利堂所处街巷（殷力欣摄）

图61.昆明胜利堂院门（殷力欣摄）

图62.胜利堂门柱雕饰（殷力欣摄）

图63.胜利堂正面全景（殷力欣摄）

图64.胜利堂侧面全景（殷力欣摄）

图65.胜利堂后台部分外观（殷力欣摄）

十分巧妙。这有赖于设计者对传统建筑美学的理解，也因其在结构设计上的严谨，胜利堂的建筑设计，堪称是中西合璧的经典，传统与现代结合的典范。

此建筑深得各界民众的喜爱，又有相应的传说：陈纳德将军率飞虎队在云南开辟的驼峰航线，在抗战中起到举足轻重的作用，故抗战胜利堂后半部的造型为一架待命起飞的飞虎队飞机；环抱胜利堂的云瑞东路和云瑞西路的建筑，似一个中式酒杯的外沿，将胜利堂托举在酒杯中；胜利堂前面的椭圆形云瑞公园和长长的甬道街，又似一个酒杯——西式高脚杯的造型。因此，俯瞰胜利堂全景，呈现"中轴线上叠两杯，举酒双杯庆胜利"场景，寓意中美两国同饮庆功酒，共庆抗战胜利。为着这一联想，大家往往把其称为"酒杯楼"。

胜利堂原址为明代黔国公沐氏之国公府，清康熙年间，平定吴三桂之乱后，清政府以沐氏之国公府改建成云贵总督署。1911年武昌起义爆发后，蔡锷率部响应，在云南讲武堂学生的配合下攻占总督署，使此地成为辛亥革命在云南的纪念地。后改总督署为优级师范学堂、省立师范，后再设云瑞中学。1944年，原建筑拆除，拟在此地建"中山纪念堂"，适逢抗战胜利，1946年落成后正式命名为"抗战胜利堂"，以资纪念。1950年12月，改称"人民胜利堂"，并加建人民英雄纪念碑。2006年，昆明抗战胜利堂被列为全国重点文物保护单位。

3.富源中山礼堂

富源中山礼堂位于云南省曲靖市富源县城内的中安镇平街中段的北侧，坐北朝南，于民国三十二年(1943年)7月7日抗战爆发6周年纪念日奠基，1945年3月3日竣工。

富源县原称"平彝县"，地处与贵州省接壤的乌蒙山区，自古是云贵两省商贸交通的马帮道的重要关隘，有明清所遗之胜境关等名胜。抗战期间，特别是贵州境内发生"独山战役"之后，昆明以东的曲靖、宣威一带重兵驻防，成为拱卫后方、待命增援湘西前线的兵备要地。据了解，为鼓舞军民抗战必胜的信念，这一带各县营建的中山礼堂、中山纪念堂等不下10处，但仅富源一处得以保留至今。

此建筑按原设计及竣工时的情景，本为三层楼的殿阁式建筑，庑殿式屋顶，建筑通高18米左右，但在20世纪60年代以防

图66.富源中山礼堂正立面（殷力欣摄）

图67.中山礼堂二层阅兵台局部（殷力欣摄）

图68.中山堂背面俯视（殷力欣摄）

图69.中山礼堂门楣题刻

图70.富源中山礼堂正门墙壁题刻1

图71.富源中山礼堂正门墙壁题刻2

图72.中山礼堂内景（殷力欣摄）

患雷击为由，将顶层拆除，改造为现存的两楼一底的重檐庑殿顶外观，高13.3米，进深35.6米，占地面积660平方米。

富源中山礼堂的结构形式非常独特：外廊一周为砖石墙体承重，内套回廊式厅堂框架，采用"抬梁式"和"穿斗式"相结合的技术形式，建筑材料混用砖、石、木、陶瓦等，梁架各衔接处采用中国古建筑上的榫、卯技术，所以具有墙倒屋不塌的良好抗震功能，故历经风雨的侵蚀及雷电和地震等自然灾害，至今仍矗立着，其西方砖木混合结构与传统木结构的巧妙结合，使得其外观上保持纯民族样式，不同于以往的现代中国建筑。也正是得益于这种特殊的结构，礼堂虽由原三层楼改建为二层楼，其原有的艺术风格似乎并未受到影响。

中山礼堂正门前方设有月台，其下为11级台阶，其上建有两层门楼，首层以墙体和月台外端二石柱形成四方形门廊，并支撑二层之观阅台，覆以四角攒尖式屋顶。月台左边石柱的东面

图73.富源中山礼堂门楼石柱题刻（殷力欣摄）

阴刻着"从容乎疆场之上，沉潜于仁义之中"，北面阴刻着仿孙中山先生的"富贵不能淫，贫贱不能移，威武不能屈，此之谓大丈夫"的题词；右边石柱北面阴刻着仿孙中山先生的"好学近乎智，力行近乎仁，知耻近乎勇，则可治天下"的题词，其落款为"孙文题，西南联大教授陈雪屏书"；主体拱形正门门楣外侧正中阴刻着孙中山先生半身肖像，肖像的左边阴刻着"忠孝仁爱"，右边阴刻着"信誉和平"八个大字；正门石墙左下方阴刻着"盘石千年"；右下方阴刻着"同心协力"和"中山礼堂奠基纪念"；拱形门楣里侧原正中阴刻蒋介石半身肖像，后于"文革"期间凿平；门廊二层之检阅台正面窗子墙的右边阴刻着"高明"，左边阴刻着"光大"四个大字，以颂扬孙中山先生高风亮节、光明磊落的一生。

礼堂内一楼为一大厅，北端设有集开会、演讲、演出等多功能的台子，厅中设置300余个座位；二楼设有回廊，东西两侧设有包厢，三楼为一大厅，现为富源县出土文物和近现代史料陈列室。

此庄严肃穆的建筑物规模宏大，气势雄伟，造型别致美观，结构精巧，乃云南省内保存较为完好的中山礼堂。其地处偏远，于抗日战争濒临民族危亡之际建造，以中山先生之古诗文集句激励抗战将士与西南民众的必胜信念，在众多中山纪念建筑中独具特色，也极具特殊历史意义——是抗战期间原创性建筑作品，与湖南省南岳忠烈祠、武冈中山堂、云南省昆明抗战胜利堂等同为抗战中的优秀建筑作品。

富源中山礼堂于1998年12月被云南省人民政府公布为第五批省级重点文物保护单位。

4.国立西南联大旧址

旧址在今云南师范大学校园内。昆明是抗战期间与重庆、四川宜宾李庄并列的三大战时文化中心。1937年七七事变后,为了全面保卫中华教育精华,使其免遭日寇毁灭,国民政府决定将华北及沿海大城市的高等学府内迁。8年时间里,有中法大学、中山大学、华中大学、同济大学、上海医学院等10余所著名高等院校先后迁入云南,其中最著名的是西南联合大学。

西南联大由北大、清华、南开三校组成,由原三校校长蒋梦麟、梅贻琦、张伯苓为常务委员,共主校务,融合了北大之"兼容并蓄"、清华之"严谨求实"和南开之"活泼创新"的学风,一时大师云集、群星璀璨,8 000名学生中涌现出杨振宁、李政道、朱光亚、邓稼先等大师巨匠。西南联大的"刚毅坚卓"校训和"爱国、民主、科学"的联大精神,更是至今泽惠后人。1946年5月4日,西南联大正式结束,师生在校址上树立了"国立西南联合大学纪念碑",三校回迁,西南联大以辉煌的历程和丰硕的文化业绩完成了其特殊的历史使命。

今云师大校园东北角矗立着"国立西南联合大学纪念碑"。抗战胜利后,西南联大撤销,三校北返之前,于1946年5月4日树立此碑。纪念碑由联大文学院院长冯友兰先生撰文,中文系教授闻一多篆额,中文系主任罗庸教授书丹,被称为现代的"三绝碑"。纪念碑碑体雄壮,书法遒劲,文采飞扬,意蕴深广气势恢宏,具有较高的历史、艺术和文学价值。尤其需要提及的是:纪念碑作为联大的历史见证,半个多世纪以来,一直被海内外联大校友所珍视。几十年后,年近百岁的冯友兰先生说:"西南联合大学之终始,岂非一代之盛事,旷百世而难遇者哉。今天,联大精神仍应弘扬光大之!"

图74.昆明西南联大旧影 (1)

图75.昆明西南联大旧影 (2)

图76.西南联大教室遗存 (殷力欣摄)

图77.西南联大遗址 (殷力欣摄)

图78.西南联大纪念碑

图79.昆明师院纪念碑

图80.昆明中国营造学社旧址所在街巷

图81.昆明中国营造学社旧址 (1) (殷力欣摄)

图82.昆明中国营造学社旧址2 (殷力欣摄)

图83.昆明营造学社旧址附近民居 (殷力欣摄)

在联大纪念碑附近，另存国立昆明师范学院纪念碑一座，而原联大草棚式的简陋教室则仅存一间。

2006年5月25日，国立西南联合大学旧址被国务院批准列入第6批全国重点文物保护单位名单。

5. 中国营造学社旧址

在昆明市郊之麦地村，现存兴国庵一处，为中国营造学社梁思成故居。此地原有中央研究院史语所旧址、战时中央博物院旧址等，今已难觅踪迹。

1938至1939年，在极端困难的情况下，中国营造学社刘敦桢先生主持了昆明近郊、滇西北古建筑考察；刘敦桢、梁思成联合主持了第一次四川古建筑考察；史语所吴金鼎、曾昭燏等组织了大理苍山洱海古墓葬考察……这一系列古文化遗产考察研究工作，与西南联大等战时教育一样，从文化意义上，展示了我中华民族之坚忍不拔。

此外，滇越铁路上的开远市小龙潭大铁桥（俗称"大花桥"）也是一处重要的抗战史迹。

三、江苏抗战史迹

有关江苏省抗战史迹，今仅涉及南京市一地。同样在编撰《中山纪念建筑》

图84.滇越铁路木花果铁路大桥(陈云峰摄)

图85.滇越铁路蒙自六孔铁路桥(陈云峰摄)

图86.木花果铁路大桥钢梁(陈云峰摄)

图87.滇越铁路五家寨人字桥(陈云峰摄)

图88.五家寨人字桥局部(陈云峰摄)

南方七省市抗日战争史迹建筑考察纪略

图89.战前南京街景（殷力欣收藏）

图90.战前的南京城外（秦风提供）

图91.战前民国总统府（殷力欣收藏）

图92.被日军炸毁的南京中山门

图93.弹痕累累的南京光华门

图94.沦陷后的南京街景（秦风提供）

图95.日军占领南京总统府

图96.日军攻占灵谷寺公墓（秦风提供）

图97.被日军占领的中山陵（秦风提供）

图98.中山陵战前奉安鼎（殷力欣收藏）

图99.铜鼎残留的弹痕（殷力欣摄）

的过程中，我们了解到：南京中山陵园在抗日战争中亦受到损伤，今陵墓墓道上奉安铜鼎仍可见日军炮火所遗弹痕，桂林山房也被摧毁仅剩一片断壁残垣，原为国内第三大文庙的南京夫子庙等文物古迹也未能躲过劫难，明代灵谷寺内为"一·二八"淞沪会战所立之"十九路军阵亡将士纪念碑"、"第五军阵亡将士纪念碑"等均有不同程度的损害……这些战争创伤历历在目，记录了日军的残暴，也记录着中国人民坚忍不拔的奋斗精神。此外，有关原中央军校大

礼堂（即"中国战区接受日本帝国无条件投降签字仪式"会场）
等，已由本考察组成员、南京大学历史系教授周学鹰先生在近
期作详细考察；在南京大学历史系硕士研究生陈磊同学的协助
下，又据历史照片和文献记录，查证了一处"陆军第八十七师淞
沪抗日阵亡将士公墓及纪念塔"的下落。

图100.近年修复的中山陵永慕庐
（殷力欣摄）
图101.被日军炮火摧毁的中山陵
桂林石屋（殷力欣摄）

1."十九路军淞沪抗战阵亡将士纪念碑"与"第五军淞沪抗
战阵亡将士纪念碑"

纪念碑位于南京中山陵园区域之明代灵谷寺内，1935年国
民政府为纪念"一·二八"淞沪会战期间阵亡将士而修建。

灵谷寺位于中山陵东面（紫金山东南麓）。明洪武十四年
（1381年），太祖朱元璋为修建明孝陵，将蒋山寺、宋林寺、竹
园寺、志公塔、宋熙寺、悟真殿等搬迁至今址，称为"灵谷寺"，
并赐额"第一禅林"，为明代佛教三大寺院之一。后来因遭兵火
劫难，仅砖砌的无梁殿得以幸存。清同治年间重修，规模已远不
如当年，但松翠林茂、环境幽静，仍以"灵谷深秋"为金陵名胜。
建于明洪武十四年的无梁殿，东西长53.8米，殿前露台宽敞，面
阔5间，进深3间。殿顶是重檐九脊琉璃瓦，屋脊上有3座琉璃喇
嘛塔。其建筑一改我国古建筑梁柱结合框架式传统方式，整座
建筑找不到梁柱，全部用砖砌造而成。它采用了中国古代石拱桥
的建造方法，由基层用砖先砌5个洞，合缝后叠成一个大型的拱
形殿顶。我们看到这5个开门的每一间就是一券，每排为5券，正
中一间券洞最大，宽11.4米，高14米。内部虽为券洞结构，外部
却仍以仿木结构的形式出现，檐下有出挑的斗拱，正面还设有
门窗，是一座采用多样券法，错综连接后构成的建筑。其结构坚
固，气势宏伟，虽历经战火而巍然屹立，成为建筑经典。

入民国后，灵谷寺在抗战前改建为国民革命军阵亡将士公
墓，由美籍建筑师茂飞作整体规划，并设计建造了国民革命纪
念馆（松风阁）和国民革命军阵亡将士纪念塔（世称"灵谷寺
塔"）。1928年，国民政府耗资12万两银元，将无梁殿改为阵亡
将士公墓祭堂，定名"正气堂"；在祭堂之前，改建山门，其后增
设一座"国民革命军阵亡将士牌坊"（牌坊的台基长32.7米，宽
16.6米，高10米，共5间，用钢筋水泥构筑，座基外镶花岗岩，绿
色琉璃瓦覆顶。牌坊前中门门额上横刻"大仁大义"四字，背面
刻"救国救民"四字）；而祭堂之后，逐渐向北，大体沿山势增设

图102.灵谷寺十九路军淞沪抗战阵亡将士公墓旧貌（殷力欣收藏）

图103.灵谷寺十九路军淞沪抗战阵亡将士公墓现状（殷力欣摄）

公墓区、松风阁和灵谷塔。

其中祭堂将原三座佛龛移作祭坛，每座祭台设一方石碑。中碑为"国民革命烈士之灵位"，左碑为中华民国国歌，右碑为国父遗嘱。四壁镌刻《辛亥革命名人录》，共嵌有110块太湖青石碑，铭记着33 224位阵亡将士姓名。

祭堂之后，按中、东、西区分设阵亡将士公墓第一、二、三公墓区。当时公墓区的所有墓穴，全以红砖砌筑为长方形，上盖水泥预制板，南北朝向，每墓前立一块约30厘米高的半卧形青石碑，不刻姓名，全以编号代姓名，而阵亡将士名单则在中央档案馆（今第二档案馆）保存。三个公墓区均损毁严重，"文革"期间曾将原第一公墓改建为4个花坛，第二公墓于1957年改建为邓演达烈士墓，第三公墓则在"文革"中完全被毁。

今存原公墓遗迹较完整者，为"十九路军淞沪抗战阵亡将士纪念碑"和"第五军淞沪抗战阵亡将士纪念碑"。"一·二八"淞沪抗战停战后，国民政府于1931年3月决定在第一公墓区兴建"淞沪抗战阵亡将士公墓"，1933年6月2日，国民政府将淞沪抗战中牺牲的部分官兵遗体自上海送榇至南京安葬。为表示纪念"一·二八"之意，特挑选了78名十九路军阵亡将士和50名第五军阵亡将士遗骸入葬第一公墓内，共计128名，各立碑纪念。公墓及纪念碑于1935年11月20日落成，并在公墓祭堂举行盛大公祭，国民党中央和各界人士万余人参加，蒋介石亲自担任主祭。1936年7月，阵亡将士公墓移交给总理陵园管理委员会管理。

抗战期间，国民革命军阵亡将士公墓建筑群曾遭日伪分子破坏，尤以纪念馆（今松风阁）破坏程度最为严重，第一公墓区的"十九路军淞沪抗战阵亡将士纪念碑"和"第五军淞沪抗战阵亡将士纪念碑"亦有残损，但抗战胜利后得以整修，保持至今。

1947年6月，国民政府制定了《春秋二季祭奠阵亡将士办法》，决定每年春祭日期为3月29日，即黄花岗起义纪念日；秋祭日期为9月3日，即抗战胜利纪念日。

灵谷寺国民革命军阵亡将士公墓建筑群含山门、纪念坊、公墓、纪念馆（松风阁）和纪念塔（灵谷塔），主要由美国建筑师茂飞设计，是"中国固有式建筑"的成功作品之一。它是民国时期重要的纪念建筑群，又从属于中山陵园范围，可视为吕彦直等南京城市规划中有关"国家公园"的具体实施部分。[①]

2."陆军第八十七师淞沪抗日阵亡将士公墓及纪念碑"

公墓及纪念碑位于今南京玄武湖环洲之梅岭（俗称"郭仙墩"）一带，20世纪30年代被称为"五洲公园亚洲梅林基地"。1933年，此地曾建有"陆军第八十七师淞沪抗日阵亡将士公墓及纪念碑"[②]。其塔高10.5米，基座见方3米，基本形制为方尖塔。据记载，"八一三"淞沪抗战期间，第五军第八十七师二五九旅旅长孙元良率部在上海庙行镇坚守11天，击退日军多次进攻，双方损失惨重。此役被当时国际评为"国民革命军第一次击败日军的战役"。这方尖塔即专为纪念孙元良部1 489名阵亡将士所建。此塔今已不存，而毁于何时亦无定论。

另据记载，雨花台东北山岗之二泉后山上原亦有一座淞沪抗日阵亡将士纪念塔，塔周筑有19座水泥冢，系为纪念十九路军阵亡将士所建。有确切记载，此塔塔身于南京沦陷后为日军所毁。遗址现在晨光机器厂一侧，现存石级若干，其他无存。

由此推测，当年第十九军和第五军的阵亡将士，除128位安葬灵谷寺国民革命军阵亡将士公墓第一公墓区外，其余官兵遗体也都得以自上海移至南京安葬，即玄武湖梅岭和雨花台二泉后山的这两处公墓。

3.南京中央陆军军官学校大礼堂[③]

大礼堂位于南京市黄浦路中央陆军军官学校旧址。中央陆军军官军校是南京国民政府设置最早的军事教育机构，是曾培养出大量国共两党高级将领的著名的黄埔军校的前身。1927年，南京国民政府成立，决定将广州黄埔军校本部迁至南京，成立中央陆军军官学校，蒋介石仍兼任校长。迁居南京办校之初，沿用原清陆军学校（老教育团）旧址为校舍。因学校规模不断扩大，加以原校舍破败，1928年

①吕彦直.建设首都市区计划大纲草案;建筑文化考察组.中山纪念建筑,附录.天津:天津大学出版社,2009:349;国都设计技术专员办事处.首都计划.南京,1929.

②南京市玄武区地方志编纂委员会.玄武区志.南京:方志出版社,2005;南京市地方志编纂委员会,南京园林志编纂委员会.南京园林志.南京:方志出版社,1997.

③此节由周学鹰补撰

9月9日，南京举行受降仪式的地点——中央军校大礼堂。

图104.受降日的中央军校大门

图105.南京中央军校

图106.日本投降使步入会场

图107.双方会谈

图108.1945年9月9日，日本支那派遣军总司令官冈村宁次向国民党陆军总司令何应钦递交投降书

图109.南京中央军校大礼堂局部。（周学鹰摄）

图110.南京中央军校大礼堂内景——受降场景复原蜡像。（周学鹰摄）

至1933年，先后建造了大批新建筑，具有代表性者如1号楼、大礼堂、憩庐、122号楼等，总造价54 928元。由张谨农设计，杨仁记营造厂承建。

大礼堂坐北朝南，长方形平面，大厅能容纳一二千人，有休息廊、舞台、准备用房，堂内北面设讲台，后有休息室等。大礼堂采用钢筋混凝土结构。立面中央高三层、两侧二层，呈三段式形式，有文艺复兴时期法国府邸式建筑的影子，坡屋顶，上覆灰色波纹金属瓦。中央主要入口处门廊前矗立着8根爱奥尼克式巨柱，门廊顶部建有钟楼；东西两侧入口处各有一拱门，门侧墙壁上装饰4根爱奥尼克式立柱，其上各建一座高高的塔楼。中央主要入口处有三拱门，东西两侧入口处各有一拱门，占地1 530平方米④。大礼堂与1928年以后学校陆续建设的其他建筑一样，以西洋风格为主，形成西式风格的建筑组群。

抗战爆发后，军校西迁成都，先后在南昌、武汉、洛阳、成都、潮州、西安、武冈等地设立分校。抗战胜利后，改称陆军军官学校，直属陆军总司令部。仅在抗战期间，军校（含各分校）毕业生数万名，是中国军队基层军官的骨干力量。

1945年9月9日上午9时正，是日本人眼中大吉大利的"三九良辰"⑤，颇具历史讽刺意味的是，象征中国人民抗日战争最终胜利的受降仪式恰恰就在这一天在大礼堂举行。中央军校大礼堂从此名闻中外。

这是继续芷江洽降之后，抗战胜利受降的正式签字仪式。当时，中央陆军军官学校校门悬横匾，蓝底之上楷书"中国陆军总司令部"8个白色大字⑥，礼堂大门口是金碧辉煌的四个大字：和平永驻；厅内大屏风上缀一个硕大字母"V"，象征中国抗日战争彻底胜利⑦。

值得回味的是，对于8年抗战中辗转各地坚持办学的军校本身而言，这个受降仪式，又可视为复校仪式。

四、湖南抗战史迹

湖南省已知抗战史迹有40余处，考察组考察了其中的20余处。要而言之，湖南省抗战建筑遍布全省，而以长沙、常德、怀化、邵阳、衡阳为集中分布区域。长沙为三次长沙会战之中心，常德以1943年常德保卫战为重大历史事件，怀化地区是芷江机场所在地，发生过湘西会战，邵阳武冈是中央军校第二分校驻地，战时输送过2万名毕业生，衡阳以长衡会战之衡阳74天孤城铁血震惊中外，毗邻之衡山曾多次召开军事会议，为第九战区之腹地。围绕着战史上的重大事件和战略要地，有岳麓山抗战遗迹群、常德会战阵亡将士公墓、芷江机场、溆浦湘西会战烈士陵园、武冈黄埔二分校旧址、衡阳抗战胜利城、南岳忠烈祠等众多历史遗存。此部分主要情况可参阅邹容女士所作《发现另一个湖南·抗战记》，这里只强调一二要点：在这些遗迹中，南岳忠烈祠、武冈中山堂、麓山忠烈祠和芷江机场等四处均在抗战期间建造，并在建筑设计理念上有独到的美学追求，是国内最重要的抗战建筑遗产之一，也是二战史上在战时建造纪念建筑的罕见事例。

1. 南岳忠烈祠纪念建筑群

此建筑群于1939年动工，1942年竣工，主体中轴线建筑占地23 400平方米，由山门、七七纪念碑、纪念堂、致敬碑、享堂等组成建筑组群，为目前两岸四地最大的抗日阵亡将士纪念地，无疑是"中国固有式建筑"在抗战期间的杰

④卢海鸣，杨新华.南京民国建筑.南京：南京大学出版社2001138。

⑤张力.落日黄昏——侵华日军芷江投降内幕揭秘.政府法制，1994（6）：40.

⑥王楚英.独家发表在世当事人珍贵回忆——铁血光荣从芷江到南京：受降日军亲历记（下）.军事历史，2005（4）：23.

⑦汪烈九.我亲历的南京受降.世纪行，2005（4）：38.

图111.南岳忠烈祠
　　全景（20世纪
　　90年代，南岳
　　文物管理处提
　　供）

图112.山门匾额

图113.忠烈祠山门
　　以北全景（殷
　　力欣摄）

图114.纪念堂正面
　　（刘锦标摄）

图115.纪念堂正堂
　　内景

图116.纪念堂正堂
　　纪事碑正文

出代表。它于抗战最艰苦的时期兴建，建筑上承袭"因山起陵"的中国陵墓建筑传统，单体建筑采用传统的宫殿式建筑风格，建筑结构、材料和建造技术则大量应用西方建筑技术，取得庄严肃穆、大气磅礴的艺术效果，素有"小中山陵"之美誉。须强调一点：按原设计方案，主体建筑周边环绕有大型公墓组群，其整体建筑规模甚至是大于中山陵的。

　　南岳忠烈祠作为集庙堂建筑与陵墓建筑为一体的大型纪念性建筑群，不仅仅在形式上受中山陵建筑群影响，更强化了中山陵建筑设计者吕彦直的设计理念——国家先贤祠。

　　吕彦直先生曾撰文指出："……今者国体更新，治理异于昔时，其应用之公共建筑，为吾民建设精神之主要的表示，必当采取中国特有之建筑式，加以详密之研究，以艺术思想设图案，用科学原理行构造，然后中国之建筑，乃可作进

图120.安亭战役纪念亭

图118.忠烈祠甬道鸟瞰(刘锦标摄)　　图119.自北段甬道回视(殷力欣摄)　　图121.自第二平台仰视享堂

图122.享堂正立面中段抱厦　　图123.享堂祭坛全景(刘锦标摄)　　图124.享堂祭坛近景(刘锦标摄)

图125.自东北山坡俯视享堂(殷力欣摄)

步之发展……"而在同文中，吕彦直又谈及对首都南京整体规划的具体项目："……国民大会之后，设先贤祠及历史博物馆。凡此皆可以发扬光大中华民族之文化，实国族命脉之所系也。全部之布置，成一公园，北依玄武湖，东枕富贵山，而接于中山陵园，西连于南京市，此为大纬道北部之计划。"就这个国家先贤祠所处位置而言，可知在吕彦直的心目中，民族烈士先贤纪念地与开国元勋纪念地的地位至少是同等重要的。而南岳忠烈祠作为祭奠全民族殉国英烈的总神位，无疑是具有国家先贤祠的性质的。从南岳忠烈祠的建筑规模分析，特别考虑到战时十分拮据的经济状况，可以说这是当时国家最重要的建筑投资，诚为继中山陵

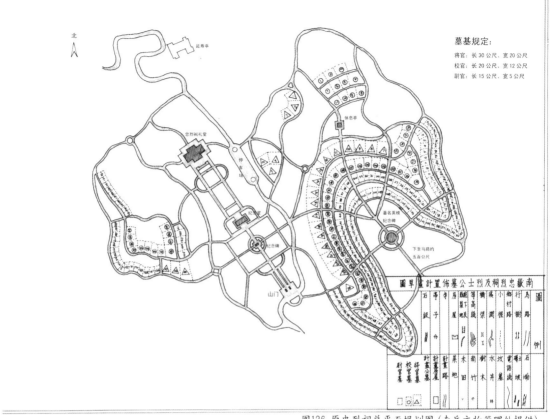

图126. 原忠烈祠总平面规划图 (南岳文物管理处提供)

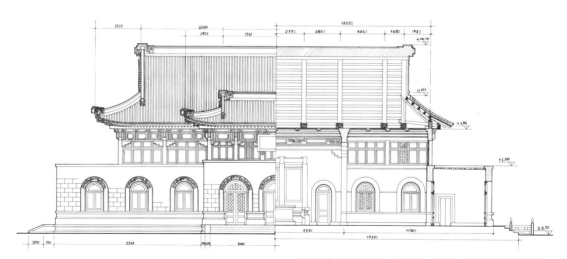

图127. 忠烈祠享堂立面、纵剖面图 (南岳文物管理处提供)

之后中国最重要的纪念建筑，其意义在于突出了吕彦直等人设立国家先贤祠的构想，是将旧中国建造为现代民主国家的建筑行动之一，堪称民族意识复兴之象

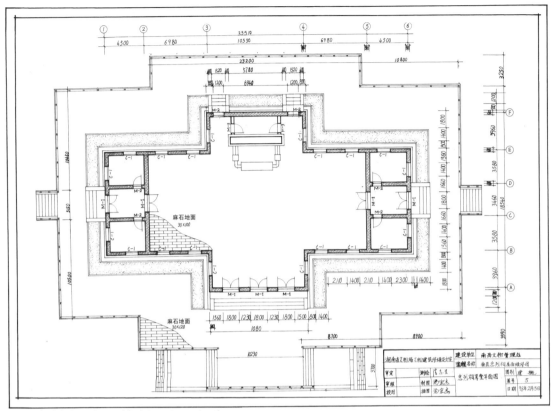

图128.忠烈祠享堂平面图(南岳文物管理处提供)

图129.南岳入口之胜利坊(刘锦标摄)

征,中国跻身世界五强之先导。

就目前笔者所掌握的资料分析,战时各国对待阵亡官兵及死难平民的丧葬问题,基本上是就地掩埋,战后再事迁葬。如中国战区这样不待战争结束即行隆重安葬,并立祠纪念,是非常罕见的。这体现了中国文化传统对生命的尊重和"天行健,君子以自强不息"的民族意志。

在二战的苏联战场上,列宁格勒保卫战中,1942年3月5日,由苏联陆军作炮火掩护,由空军运输舰空运总谱,莫斯科国立剧场管弦乐团在孤城列宁格勒古比雪夫礼堂首演肖斯塔科维奇《C大调第七交响曲》(又称《列宁格勒交响曲》)。这个被誉为"坚强的民族精神之赞歌"的乐曲就此成为反法西斯阵营的精神力量。

约与此同期,我们在屡遭日军空袭,南岳大庙多处被击中、南岳军事会议数次中断的地带，毅然动员数万民众，斥巨资为殉难烈士建造起规模宏大的南岳忠烈祠。这是我们用建筑谱写的民族颂歌，与苏联军民在战火中举行音乐会是同样令人钦敬的。

2、麓山忠烈祠

此祠位于长沙岳麓山东麓，今湖南师范大学校园北部，于1938年10月兴建，1939年2月建成，后多次遭到破坏，损坏严重，2004年据原样重修。从设计建造意图上看，岳麓山忠烈祠的性质与南岳忠烈祠相似，但作为地区性质的纪念建筑，其规模自不必如后者那样庞大。因此，设计者不采用中山陵那样"中国固有式建筑"的建筑样式，而采用湖南习见的祠堂建筑的技术形式。这有战时尽量节省资金的考虑，在艺术形式的选择上，也有贴近当地民众审美习惯的设计意图。在同时期及战前的同类纪念建筑中，这样纯粹采用传统建筑形式的实例殊不多见，反映了战时厉行节俭的一面，也反映了普通民众对民族文化传统的依恋。

此外，麓山忠烈祠北侧另建有第七十三军公墓及纪念碑，也是值得重视的抗战重要史迹。

3.武冈中山堂

图130.麓山忠烈祠外景（殷力欣摄）
图131.麓山忠烈祠与周边环境（殷力欣摄）
图132.麓山忠烈祠内景
图133.麓山忠烈祠局部（殷力欣摄）
图134.麓山忠烈祠构建细部（殷力欣摄）
图135.第七十三军公墓及纪念碑正面。（周志刚摄）

图136.武冈中山堂
　全景(刘锦标
　摄)

图137.室内布置(周
　学鹰摄)

图138.背立面二层
　走廊(周学鹰
　摄)

图139.背立面三层
　走廊(周学鹰
　摄)

武冈中山堂位于今武冈市第二中学校园内,于1941年3月动工,1943年7月建成,是1939年迁居武冈法相岩的中央陆军军官学校第二分校(习称"武冈分校")的主要建筑,与云南富源中山礼堂同为抗战期间建造的中型民用建筑的佳作。它的设计,采用"中西合璧"的设计理念,局部借鉴传统建筑做法(如屋顶采用传统的穿逗屋架做法建构),但整体设计上,以民国时期习见的西式砖木混合结构为主,可视为战时西式建筑的典范。此建筑的设计者与建造者以战时对建筑艺术、工程和实用功能方面的精益求精,在行动上申明了中国人民反法西斯的必胜信念,是另辟蹊径的战争见证物。

4.芷江机场及抗战胜利纪念坊

芷江机场是抗战中最重要的军用工程之一,现存跑道遗址、指挥塔等遗物。此机场于1934年12月即筹划修建,1935年动工,抗战期间多次扩建。衡阳失守后,芷江机场成为中美空军最重要的前线机场,担负着最主要的对日作战任务,见证着抗战中后期中国军队与盟军飞虎队的密切配合,几经殊死抗战,最终赢

图140.芷江机场遗址—原跑道旁散落的修筑工程中的巨大石磙子(周志刚摄)

得反法西斯战争胜利的重要历史进程。芷江抗战胜利纪念坊于1947年2月动工，同年8月30日建成。此纪念坊继承了传统建筑中的功德牌坊的基本形式，采用现代建筑材料，较好地以传统形式表达了对殉国烈士的祭奠和对抗战胜利带有历史沉思性质的纪念。在立面构图上，此坊以传统为基础而有所变通——以汉字之"血"字形构成三开间牌坊的正立面形象，以此寓意中国人民的巨大牺牲和誓死保卫家园的民族精神，并以此记录日军在此地投降的历史事件，其造型至为简洁，而其寓意则至为深沉。

　　除上述4个实例外，溆浦龙潭镇第七十四军第五十一师阵亡将士陵园、湖南

图141.芷江机场指挥塔外景（刘锦标摄）

图142.芷江机场及周边环境(周志刚摄)

图143.芷江受降堂外景（刘锦标摄）

图144.受降堂洽降席

图145.受降纪念坊

南方七省市抗日战争史迹建筑考察纪略

168

图146.岳麓山第九战区指挥所(刘锦标摄)

图147.岳麓山防御工事(殷力欣摄)

图148.湖南大学日军受降地(殷力欣摄)

图149.长沙中山亭(殷力欣摄)

图150.近年修复后的长沙天心阁(殷力欣摄)

图151.近年修复后的长沙天心阁局部(殷力欣摄)

大学校园内之湖南大学教学楼（第四方面军受降地）、岳麓山第九战区指挥部及防御工事、金九故居等，也都是极具史料价值和历史意义的抗战遗迹。

五、广东、四川等地抗战史迹

受篇幅和写作时间等条件限制，四川、广东等二省市的考察仅作简略记录。

（1）四川省是当年日军陆军未曾侵略的省份，但亦曾遭受日军轰炸，至今留

图152.李庄营造学社旧址(1).(殷力欣摄)

图153.李庄营造学社旧址(2)

图154.李庄上海同济大学旧址

有见证；四川省宜宾市李庄镇在抗战期间因中央研究院史语所、中国营造学社、同济大学等文教机构的迁入，成为当年中国的战时三大文化中心之一，至今留有中国营造学社旧址、同济大学旧址等遗迹。

此外，抗战期间川渝地区新修和扩修军用机场30余处。其中较著名者有庆符、三台、华阳太平寺、重庆白市驿、温江黄天坝、梁山、成都凤凰山、重庆广田坝、新津、遂宁、简阳周家坝、合江荣坝、大足登云桥、松藩漳腊、泸县、邛崃、彭山、广汉、德阳、夹江机场等。但详细情况尚有待查证。

四川李庄的战时文教机构与遍布各县市的战时军用机场，堪称四川省最重要的抗战建筑遗产。

（2）关于广东省的抗战史迹，本考察组未及详查，只涉及广州中山纪念堂一处。在编撰《中山纪念建筑》的过程中，我们了解到：广州中山纪念堂在抗日战争期间曾遭多次受到日军及汪伪政府的袭扰，并在日军飞机轰炸中一处屋角严重受损，今纪念堂东北角侧门两侧的青石墙裙上仍可见累累弹痕。然而，历经抵御

图155.广州中山纪念堂东侧（刘锦标摄）

图156.纪念堂在抗战中的累累弹痕（殷力欣摄）

图157.广州十九路军坟园战士墓

图158.十九路军抗日阵亡将士坟园题名碑（殷力欣摄）

图159.先烈纪念碑（殷力欣摄）

外侮的战火洗礼，这座建筑也见证了一个值得纪念的历史事件：1945年9月16日上午10时，国民革命军第二方面军司令张发奎上将在此主持了华南地区的日军受降仪式。在中山先生故乡的一处遭受日军破坏的建筑物中见证抗日战争的胜利，使得这一中国建筑史上的杰作，又平添了一层抗战建筑遗产的意义。

广州市区另有淞沪抗战第十九路军坟场、中国远征军新一军阵亡将士公墓等，均为重要的抗战建筑遗产。由于时间限制，未能踏访，至为遗憾。

六、未及踏访省份的抗战史迹举要

受篇幅和写作时间等条件限制，陕西、内蒙古、贵州、山东、安徽、江西、福建、广东、广西等九个省、自治区，香港、澳门二特别行政区，以及台湾地区等，均未能踏访。现据间接资料，将其重要的抗战建筑遗迹举要如下。

（1）陕西

西安事变博物馆、延安中共中央大礼堂、延安美国军事观察组遗址、延安八路军总部礼堂、八路军后方医院及兵工厂、鲁迅艺术学院、抗日军政大学等。其中延安中共中央大礼堂位于陕西省延安市延安城北杨家岭旧址内，由杨作材设计，建于1942年，包括可容纳1000余人的主厅和小会议室、阅览室、游艺室等，外观简洁、庄重，主厅音响效果良好，

图168.延安八路军后方医院
图169延安八路军兵工厂

是抗战期间的建筑佳作之一。

(2)内蒙古

乌拉特中旗乌不浪口驻军遗址及抗日烈士陵园。

(3)贵州

独山抗战遗址。

(4)山东

枣庄市台儿庄大捷遗址及纪念馆。

(5)安徽

泾县云岭新四军军部旧址、合肥梁园镇邓岗村抗日阵亡将士陵园、潜山第一七六师抗日烈士墓园。

(6)江西

上高会战遗址及烈士陵园、"庐山保卫战"遗址。

(7)广西

图170.台北圆山忠烈祠(胡天荣摄)

昆仑关大捷遗址阵亡将士墓园、柳州陆军第七军阵亡将士纪念塔、桂林第一三一师抗日烈士墓园和三将军墓等。

(8)台湾

台北圆山忠烈祠。圆山忠烈祠全名"国民革命忠烈祠",俗称圆山忠烈祠,建于1967年,1969年完工。原址为日据时期所建的"台湾护国神社"(1942年竣工)。圆山忠烈祠为传统宫殿式合院式建筑群,是20世纪60年代中期台湾"中华文化复兴运动"下的建筑作品之一。祠内祭奠中华民国开国革命烈士、讨袁烈士、抗日烈士等,共30余万人。此外,台湾各县市均建有忠烈祠,大多为抗战结束后(20世纪40年代中期)在原日本神社的规模下改建。

(9)香港

香港总督部(盟军受降地)。

(10)澳门

不详(未及踏访)。

结　语

纵观上述历时5年的抗战建筑遗存考察,痛感历时愈长而缺漏待补之处愈多,非本组之力所能遍及。唯因如此,愈觉此课题之重大、之不容拖延。

(1)由于过去对文化遗产保护在概念上的肤浅认识,很长一段时间内,近现代建筑遗产没有受到应有的重视。例如,直到2008年本组考察中山纪念建筑的时候,我们才十分遗憾地得知,侥幸躲过长沙市抗战期间"四战一火"的长沙中山纪念堂已于20世纪90年代被拆除;直到本组2009年开始编撰《抗战建筑》的时候,我们才于年初获悉;按《宁波区海防设备实施计划》于1937年竣工的海岸百里内60余处海防工事遗址至今完整保留的已不足1/4。因此,说抢救抗战建筑遗产的工作已到了刻不容缓的程度,也非耸人听闻。

(2)对比欧美国家在保护近现代文化遗产方面的经验,我们认为:保护的要点在于"要使被保护对象重获社会存在价值"。目前,许多重要遗址被拆除,首先是拆除者认为这些遗址已无实际用途,甚至是现代社会发展的障碍。例如,我们考察途中所见散布田间、路旁的名碉暗堡等军事设施,十之八九成为当地的垃圾站,十之七八将在今后要以"修路"、"盖房"等所谓的"正当理由"实施拆除。对此,我们认为:如果将这些"垃圾站"等清扫干净,即使仅移作行人遮风避雨之所,也还是有其实用功能的;如果能继而补设说明其历史价值的标牌,则其社会教育之功,更是非经济利益所能衡量。由此可推论:如果能综合评估一处历史遗迹的社会价值,切合实际地设计其在现代社会中新的社会角色,则历史文化遗产不仅不是发展的障碍,还将成为社会发展不容忽视的文化资源。

至为重要的是,我们应设身处地地体会抗日战争时期建筑所处的历史环境。

日本侵略者自"九一八事变"后，在长达14年的侵华战争中，对我国施行的是一种在政治、经济、文化各领域图谋亡国灭种的残酷压迫。表现在建筑方面，遍布我国文化古都、中小型城镇的各类名胜古迹、千年建筑经典等被肆意践踏，中华建筑文化传统陷入断代失传的危机之中；而在上海、南京、武汉、广州、重庆等中国大中型城市中，苦心经营的现代民族工商业也同样遭到重创，自晚清已开始的对西式建筑的引进和民族化的再创作，也同样在炮火中濒于绝境。

正是在传统建筑、现代建筑的双重困境之中，中国军民以五千年所罕见的全民意志，使抗战期间建筑活动没有终止，进而使中国的建筑事业得以绝地逢生。

可能会有人苛责抗战期间的建筑界缺少吕彦直那样的大师及大师级的建筑作品，即使南岳忠烈祠这样的伟大建筑，也难免有若干仓促、疏漏的缺憾。但是，假如我们还原到那个战火纷飞、国破家亡的社会背景，我们当会切身感受到这些带有若干缺憾的作品，其震撼力是绝不逊色于和平年代的那些完美无缺之作的。

在特定条件下，这种设计与施工过程上的残缺，实际上也是力度和个性的伸张。

我们要永远铭记：这个战争年代所留下的建筑文化遗产，是我们民族走向文化复兴的浸透着热血和激情的铺路基石。

参考文献

[1]张宪文.中华民国史[M].南京：南京大学出版社，2005.

[2]中国大百科全书：建筑、园林、城市规划[M].北京：中国大百科全书出版社，1988年.

[3]吴光祖.中国现代美术全集：建筑艺术1[M].北京：中国建筑工业出版社，1998.

[4]曹聚仁，舒宗侨.第二次世界大战画史[M].上海：联合画报社，1946.

[5]建筑文化考察组.中山纪念建筑[M].天津：天津大学出版社，2009.

[6]刘敦桢文集[M].北京：中国建筑工业出版社，1987.

[7]陈诚回忆录——抗日战争[M].北京：东方出版社，2009.

[8]黄仁宇，从大历史的角度读蒋介石日记[M].北京：九州出版社，2008.

[9]曹聚仁，舒宗侨.中国抗战画史[M].上海：联合画报社，1947.

[10]武月星.中国抗日战争史地图集[M].北京：中国地图出版社，1995.

[11]邹容.发现另一个湖南•抗战记[M].长沙：湖南科学技术出版社，2009.

[12]李继峰.从沉沦到荣光：抗日战争全纪录（1931—1945）[M].呼和浩特：远方出版社，2008.

编后记

　　秋去春来，光阴荏苒，始于2006年9月末的"田野新考察"迄今已经八个月了，建筑文化考察组的步履已踏过北京、天津、河北、山东、河南、江苏、浙江、陕西诸省市。谈及体会确有且行且吟田野间之感；谈及成果尤觉2006年第11期《建筑创作》杂志开篇《京张铁路历史建筑纪略》之分量；谈及意义和价值，沐浴着一路风尘，我们通过追随营造学社先贤的足迹，仿佛看见了四川李庄陋室中菜油灯下《中国营造学社汇刊》的编撰身影，咀嚼到建筑田野考察的艰辛和愉悦，由衷地怀恋起建筑学人那文化风度，更梳理起诸多已经尘封的建筑记忆。

　　确定建筑行走的"田野新考察"并组建"建筑文化考察组"源于2006年3月28日—4月1日在国家文物局、四川省人民政府支持下的"重走梁思成古建之路——四川行"活动。那是一个油菜花盛开的时节，数十位建筑专家、文物专家及国家文物主管领导做了一次建筑文化遗产的传承者。回想"四川行"活动，不仅感到它是一个建筑界、文物界"大联合"的"文化遗产"保护之旅，更成为一次科学理念指导下的建筑文化遗产保护的实践，它唤起的不仅是中国营造学社李庄历程的记忆，更多的应是一种文化认同，是对当代中国建筑师有益的深度文化熏陶。《建筑创作》杂志2006年第6期曾发表署名文章《梁思成建筑精神及其现代启示》，我们曾建议要在总结"四川行"活动成果的基础上，适时地举行"京津冀行"、"山西行"、"河南行"等活动，从而完成新意义下的《中国营造学社汇刊》考察及出版系列。《建筑创作》杂志自2006年11期迄今连续推出的"田野新考察报告"系列及呈现给读者的系列图书《田野新考察报告》，正是当时策划的成果之一。作为每一位全身心叩谒建筑先辈的建筑文化考察组成员，都为今日的成果而兴奋。

　　建筑文化考察组作为**BIAD**传媒《建筑创作》杂志社和中国文物研究所文物保护传统技术与工艺工作室联合组成的非官方学术组织，已有效地推进着中国建筑文化遗产的实地考察和调研，其成果正在并已经得到建筑界、文物界等方面业内外人士的好评，与朱启钤、梁思成、刘敦桢等一代巨匠的良知、责任和理念相比，与中国博大的建筑文化天地"大书"的不懈追求相比，我们所做的仅仅是开始。聊以自慰的是我们的理念及言行遵循着《中国营造学社汇刊》的办刊与研究宗旨，脚踏实地地模拟着朱启钤、梁思成、刘敦桢等前辈总结归纳的考察模式，至少我们的研究成果的形式也符合国家文物局印发《国务院关于开展第三次全国文物普查的通知》及诸多方面的建筑文化遗产保护的精神。令我们十分欣喜的是，2007年4月18日《中国文物报》转发了徐苹芳、罗哲文、谢辰生、傅熹年四位大家给国家文物局单霁翔局长的信，建议督促古建筑、石窟和雕塑铭刻等遗存调查修缮报告要强化编写与出版，我们认为这或许孕育着一个较大规模的建筑田野考察活动的展开。作为一种联想，我们还认为，在当今城市化喧嚣的活生生的痛与爱面前，坚持"田野新考察"并编撰"报告"，不仅仅是面向传统对历史保持足够的庄重、敬畏和景仰，更是为了比照传统与现代的明暗进退、探寻到能成为启迪中国建筑文化自尊的开路先锋之途径。恰从此含义入手，我们相信建筑业内外人士会同意，投资现代就要收藏历史之说法。

　　建筑文化考察组虽固定人员不多，但只要大家聚在一起便能在聊天中感悟"田野考察"所带来的无比幸福。因为每到一个城市，我们都用激情向它的历史致敬；每每拜谒传统建筑，再读文化与建筑先贤的事迹和著述，都能感受到一种德性之树在生长，虽考察中因时间关系不断做着"加减法"，但中国建筑文化的智慧之书令人无法忘怀。我们认为，始于朱启钤及中国营造学社的田野考察历史，展现了中华民族建筑发展的永恒魅力之一，它之所以得到传承，是因为建筑先贤的灵魂决定并预示了整个时代的探求古今的精神。建筑作为一个大课题，确实没有什么比它为人类提供的精神与生活的载体更为重要的了。它不仅是时代的，更是历史的；它不仅是科学的，更是艺术的；它不仅是构造现实空间，更追求精神价值；它几乎是每一位公众的品位及爱好，但更成为城乡公共审美的尺度。所以，建筑活动必然同时关注其文化品格、文化属性的塑造，因为任何缺少历史灵性的"家园"定无生命可言。

　　自2006年11期《建筑创作》杂志刊出的"田野新考察报告"已经涉及如下丰富的专题文章：

　　2006年11期《京张铁路历史建筑纪略》；

　　2006年12期《河北正定、保定等地古建筑考察纪略：写在刘敦桢先生诞辰110周年华诞之际（之一）》；

　　2007年1期《西安古建筑考察纪略》；

　　2007年2期《大运河建筑历史遗存考察纪略》；

　　2007年3期《河北涞水、易县、涞源、涉县等地历史建筑遗存考察纪略》；

　　2007年4期《承德纪行》；

　　2007年5期《河南安阳等地考察纪略——写在刘敦桢先生110周年华诞之际（之二）》。

2007年4月29日考察组一行造访中国营造学社成员、现年届93岁高龄的中国文物研究所研究员王世襄先生，当向他汇报"田野新考察报告"的行走及编撰思路后，老人非常赞同，他希望此举真有望成为当年《中国营造学社汇刊》的延续。我们也曾在多种场所下宣传过"田野新考察报告"的策划思路，强调过此举要"续先贤之足迹，立新意于当世"。我们坚信：这创意在京城、行走在田野、面向全球建筑文化高地的"文化创意活动"，能为中国建筑文化传播于世界带来一缕新风。

英国科学史巨匠李约瑟博士曾在其《中国科学技术史》中对《中国营造学社汇刊》予以极高的评价："《营造学社汇刊》是一种包含了丰富的学术资料的杂志，是任何一个想要透过这个学科表面，洞察其本质所不可少的。"本考察组成员、现在中国文物研究所任职的温玉清博士在其博士论文《中国建筑史学史初探》中则分析了中国营造学社学术研究之所以影响大，得益于成果在《中国营造学社汇刊》上及时发表的学术交流视野。愿通过建筑文化考察组持之以恒的"建筑行走"的努力，不仅梳理起历史碎影，更要肩负起行业责任，扎实且理性地编撰《田野新考察报告》的每一卷系列文集，树立起中国建筑文化的品牌，使之得以延续不辍。我们真诚地希望当代建筑师、尤其是青年建筑学子，在直接研读成书于六十余年前的《中国营造学社汇刊》的同时，也来关注历经社会大变革后全新的《田野新考察报告》，从新一代探求者的鲜活文字与精美图片中，增强对传统建筑文化的新认知和新解读。

播种思想，付之行动；播种行动，收获精神；播种精神，传承文化。

金　磊　建筑创作杂志社主编
中国建筑学会建筑师分会理事
刘志雄　中国文物研究所资料信息中心主任
2007年5月18日